KB089809

면역력 *Up*시키고 독소 *Down*시키는
양파

면역력 Up 시키고 독소 $Down$ 시키는
양파

초판 1쇄 인쇄일 2016년　9월 15일
초판 1쇄 발행일 2016년 10월 01일

지은이　사이토 요시미(斎藤嘉美)
펴낸이　김 민 철
펴낸곳　문 원 북
디자인　황 지 영

등록번호　제 4-197호
등록일자　1992년 12월 5일
주　　　소　서울시 마포구 토정로 222 한국출판콘텐츠센터 422
대표전화　02-2634-9846　팩스　02-2365-9846
이 메 일　wellpine@hanmail.net
홈페이지　http://cafe.daum.net/samjai
ISBN 978-89-7461-292-4(03470)

이 도서의 국립중앙도서관 출판사도서목록(CIP)은 서지정보유통지원 시스템 홈페이지
(http://seoji.nl.go.kr)와 국가자료공동목록시스템(http://www.nl.go.kr/kolisnet)
에서 이용하실 수 있습니다. (CIP제어번호 : CIP2016020717)

*파손된 책은 구입처에서 교환해 드립니다.

면역력 *Up*시키고 독소 *Down*시키는
양파

사이토 요시미 斎藤嘉美 지음

문원북 BOOK

머리말

　　생활습관병의 증가와 더불어 식생활 습관이 얼마나 중요한 것인
지는 현대인이라면 대부분이 아는 사실이다. 건강을 유지시키는 음식
은 결코 특수한 것이 아니라, 우리가 흔히 섭취하는 일상적인 식품 속
에 있다는 것이 증명되었다. 양파는 그 대표적인 식품으로 6천 년 전
부터 재배되었고, 여러 가지 질병의 예방이나 치료에 좋다는 것이 알
려져 세계 각 지에서 민간요법으로 이용하고 있다. 양파는 같은 과에
속하는 마늘과 비슷한 치료 효과를 가진 성분이 다량 함유되어 있다.
마늘에는 없는 독특한 성분도 함유되어 있고, 게다가 마늘보다 많이
섭취할 수 있는 이점이 있기 때문에, 민간요법으로 마늘보다 양파 쪽
이 광범위하게 사용되고 있었다. 특히 고대인들은 양파가 온갖 질병에
대해서 다양한 약효를 가진 식품이라고 생각하고 사용했다.

　　요즘, 많은 사람들이 음식물의 기능성(건강증진, 병의 예방과 개
선)에 관심을 가지고 있다. 이른바 민간요법 속에 묻혀있던 양파도 현
대 과학에 의해 암이나 심혈관병, 당뇨병 등 많은 생활습관병의 예
방·개선에 효과가 있다는 것이 증명되어 각광받고 있다. 간혹 잡지나
텔레비전 등에서 건강 붐에 편승한 흥미 본위 위주의 음식소개를 하고
있지만, 반드시 정확한 정보를 전달하고 있다고는 할 수 없다.

제작년 3월에 나는 나고야 ABC에 초청받아 '생활습관병과 양파의 효용'이라는 주제로 강연했다. 올 2월에도 오사카의 인간의학사 주최의 강연회에서 같은 테마에 대해서 강연하면서, 이 일상적인 야채의 효용에 대한 일반인들의 관심과 기대가 크다는 것을 피부로 느꼈다. 그래서 지금까지 밝혀진 다양한 연구 자료와 내 자신이 직접 체험한 임상실험을 바탕으로 양파의 효용의 '집대성'에 도전한 것이다. 현대 의학이나 과학을 바탕으로 분석해보면 양파에는 역시 놀라운 효능이 가득 들어있다. 우리들은 음식의 효능을 기억하기 쉽지 않은데, 이 책을 읽으면 양파 속에는 병을 예방하는 무한대의 힘이 잠재하고 있다는 것을 이해할 수 있으리라 생각한다.

우리들은 매일 식사를 하면서 약간의 노력을 함으로써 보다 건강하게 될 수 있다. 양파는 그것에 대해서 많은 도움을 줄 것임에 틀림없다. 고령화 사회인 오늘날 건강은 행복한 노후를 유지하는 가장 큰 지주다. 이 책이 그것을 위해 조금이라도 도움이 된다면 기쁘게 생각할 것이다.

사이토 요시미

목 차

제 1 장

양파가 생활 습관병(성인병)의
'약' 으로서 주목되고 있다

1
양파는 가장 오래되고 가까운 야채

• 원산지

양파의 원산지는 이란, 아프가니스탄, 파키스탄 그 밖의 북쪽 산악지대를 포함한 지역으로 추정되고 있다. 재배식물의 기원으로 저명한 구소련의 식물학자 바비로프의 양파 유전자변이의 연구에 의하면, 제1차 중심지를 중앙아시아, 제2차 중심지를 중동지역이라고 한다. 이란에서는 기원전 수천 년 전에, 양파를 신전에 사용했다는 기록이 있다.

이집트의 제1, 제2왕조시대(기원전3000~2700년)의 무덤 벽화에 양파가 그려져 있는데, 피라미드를 건축한 노동자의 식용으로 사용되었다. 구약성서 민수기에 의하면, 십계로 알려진 모세에게 이끌려 이집트로부터 신의 약속의 땅 가나안으로 향했던 이스라엘인들은, 식료품이 부족하게 되자, 이전에 노예로서 일하던 이집트에서의 음식을 기억해냈고 그 중 양파가 힘의 원천이 되었다는 사실을 기억해냈다. 기원전 14세기경의 일이다.

중근동, 인도에서는 양파가 옛날부터 재배되었고, 지중해 연안지역에서도 기원전에 현재의 재배형보다 알이 큰 대구형(大球型) 양파가 재배되었다.

그리스에서는 기원전 10세기~8세기, 로마에서는 기원전 5세기부터 재배됐다는 기록이 남아있다.

17

독일에는 조금 늦은 15세기에 대규모로 양파 요리가 보급돼, 16세기에 유럽 일대에 널리 퍼졌다. 특히 독일, 영국에서는 중요한 야채로 보급되어서, 1347년 유럽에 전염병이 창궐할 당시에는, 런던에서 양파와 마늘을 팔던 가게에서는 전염을 면했다고 전해지고 있다. 이때의 전염병이 흑사병이라 불리우는 페스트로서, 사망자는 유럽 인구의 4분의 1에 이르렀다고 추산되고 있다.

[그림1] 양파의 원산지와 전파

16세기 대항해 시대에 들어서는, 양파가 스페인으로부터 남북 아메리카로 전해졌다. 미국에서는 17세기부터 재배가 시작돼, 현재는 세계 제1의 생산국이 되었다. 마찬가지로 17세기에 서인도제도에도 보급됐다.

일본에는 언제쯤 양파가 들어왔을까? 에도[江戸]시대에 남만선에 의해 건너왔다고 전해지고 있고, 1627~1631년에 나가사키에서 재배되었다는 기록이 있으나, 정착되진 않았다. 당시에는 냄새가 강해, 보급되지 않았던 것으로 보인다. 명치 전기(1884년~1885년)에 미국, 영국, 프랑스의 품종이 도입되고, 재배법도 개량돼 보급되기 시작했다.

때문에 일본에서는 양파는 비교적 새로운 야채라고 말할 수 있으나, 현재에는 시장에서 취급하는 양은 무, 양배추에 이어 제3위의 중요한 야채가 되었다. 게다가, 저장성이 높아 연중 시장에 출회되고 있다.

• 양파는 향이 강한 만큼 좋고 싫음도 뚜렷하다

양파나 마늘은 냄새가 강해, 사람에 따라 좋고 싫음이 뚜렷한 식품이다. 이것은 옛날 사람에게도 똑같아서, 향신료로 중용되기도 하고, 부정한 것으로 경원시 한 사람도 있었다.

애호자로는 우선 이집트의 파라오들을 들 수 있다. 그들은 점토나 흙으로 양파나 마늘의 모양을 만들어, 묘 안에 넣었다. 이것은 사후 세계에도 먹고 싶다는 바람을 강력하게 표시한 것으로 생각된다.

두 번째로는 유대인을 들 수 있다. 모세에 의해 영도돼, 시나이 광야를 헤맨 그들은 노예시절 이집트에서 즐겨 먹을 수 있던 생선, 호박, 메론, 파, 양파, 마늘을 그리워했다는 기록이 있다.

수필가 시드니 스미스(1771~1845)는 '샐러드 만드는 법'이란 글에서 양파를 잘게 잘라 샐러드 가운데 섞으면, 반드시 전체의 묘미가 섞여 나올 것'이라며 양파를 찬미하고 있다.

한편, 양파, 마늘을 혐오하는 일파로서는 우선 고대 이집트의 승려를 들 수 있다. 양파는 단식, 제사에 적합한 식자재가 아니라고 알려져 있는데, 그 이유는 단식 때는 목이 마르게 하고, 제사 때는 참례자의 눈물을 유발하기 때문이다. 두 번째로는 고대 그리스인을 들 수 있다. 양파는 냄새가 상스럽고 저속한 것으로 생각된 것 같다.

• 양파의 어원

① 오니온(onion) : 영어로는 양파를 오니온(onion)이라 부르는데, 로마인이 양파를 큰 진주(unio)라 부른 데서 유래한 것으로 보인다. 프랑스어의 oignon도 어원은 같은 것으로 생각된다.

② 아리움 세파 : 양파는 백합과 파속 식물의 하나로, 학명은 아리움 세파이다. 아리움이라는 말은 '자극적'이라는 의미의 켈트어 'all'에서 유래한 것으로 알려져 있다. 켈트인은 프랑스를 중심으로 유럽 전역을 호령했으나, 현재는 아일랜드나 영국의 스코틀랜드, 웨일즈 등에 흩어져 살고 있다. 세파는 켈트어의 머리에 해당하는 것으로, 양파의 모양을 표현하고 있다.

③ 양파 : 일본의 양파라는 뜻의 옥총(玉蔥)은 물론 파(蔥)에 구슬(玉)이란 뜻을 앞에 붙인 것이다. 네기는 원래는 기로 불리웠다. '일본서기(720년)'의 인현천황 6년의 기록에서 '추총(秋蔥)'으로 돼 있고, 보통 '아기기'로 읽혔다. '화명초(花名抄)'(10세기 전반)에도 파의 일본식 이름으로 '기'를 기재하고 있다. 그러나, 그 어원은 불분명하다. 네기라는 이름이 나오는 것은 중세 이후로, 뿌리를 식용한다는 것에서부터, 기(蔥)에 네(根)을 붙인 것 같다. 네부가(根深)라는 이름도 사용된 일이 있는데, 이것도 흙 속의 깊은 뿌리라는 뜻에 의한 것 같다. 1603년에 출간된 일포사전(일본–포르투갈)에는 네기라는 이름이 등재돼 있다. '實隆公記(실륭공기)'에는 根深(네부가)로 기재돼 있다. 강호시대의 방언집, '物類稱呼(물류칭호)'(1775년)에는, 관동에서는 네기로, 관서에서는 네부가로 불리었다고 쓰여있다. 이 무렵에는 방언차가 이미 생겨 있었던 것 같다.

명치유신 초기에는 양파가 건너와서, 그 형태에 따라 양파라고 불리었다. 한편, 네기는 나가네기(길죽한 파)라고 불리우게 되었고, 양파와 구별할 필요성에 따라, 생긴 이름이다. 제2차 세계대전에는 蔥頭(총두)로 쓰고, 다마네기라고 읽었던 시기도 있었다.

2
양파의 종류

• 껍질의 색

양파의 품종은 특별히 많고 모양도 여러 가지가 있지만, 껍질의 색을 보면,

　· 황색계
　· 적색계 (레드오니온, 자색 양파)
　· 백색계

로 나뉠 수 있다. 한국과 일본에서는 황색계통을 제일 많이 재배하고 있다.

적색계통은 안토시안 색소를 포함하고 있다. 백색계통은 병에 약해 거의 재배되지 않게 되었다.

• 매운맛

매운맛에 의해서

　· 매운 양파(strong onion)
　· 달콤한 양파(mild onion or weak onion)

로 나뉠 수 있다. 일본에서 재배되는 양파의 대부분은 매운 맛 황색계통이다.

• 재배형

파종하는 시기나 수확시기에 따라 몇 가지 재배형이 있다.

① 봄 양파 : 가을에 파종을 해서 3~5월에 수확하는 종류로 愛知 (애지), 大阪(대판-오사카), 福岡(복강), 靜岡(정강) 등의 따듯한 모래땅 재배가 이 품종에 알맞다.

② 가을 양파 : 봄에 파종해서 가을에 수확하는 종류로 북해도에서 재배되고 있다.

③ 세트 재배 : 3~4월에 파종해서 5월 중순에 작은 알을 수확해서, 이것을 건조시킨 후, 8월경에 화전밭에 옮겨 심어, 겨울이나 이른 봄에 수확하는 종류로, 서리 때문에 월동하기 나쁜 화산탄 지대에서의 재배가 이 종류에 알맞다.

■ 저장재배 : 혼슈 서쪽 대부분이 이 종류로, 6월에 수확한 양파를 말려 저장해서, 7~11월에 출하하는 종류로, 大阪(대판), 兵庫 (병고), 岐阜(기부), 香川(향천) 등에서 행해지고 있다.
역시, 신양파라 불리울 수 있는 것은 주로 봄 일찍이 출하하는 것으로, 비교적 매운맛이 적고 부드러우며 수분이 많아서 부패하기 쉬워서, 저장에 적합치 않다.

• 품종과 산지

앞에 기술한 바와 같이 일본에서 재배되는 양파의 대부분은 매운 맛의 황색계통이나, 그 대표종은 泉州黃(천주황) 또는 札幌黃(찰황황) 이다. 둘 모두 미국 남부에서 들여 와 품종을 개량한 것으로서

· 泉州黃(천주황) … 이에로 브라트 단바스가 개량친(아버지 품종)
· 札幌黃(찰황황) … 이에로 그로브 단바스가 개량친 이다

泉州(천주)는 大阪(대판) 남부의 和泉(화천)의 별칭이다. 泉州黃 (천주황)은 북해도 이외의 지역에서 가장 널리 재배되는 재배형으로 이것에서 仙台黃(선태황), 貝塚早生(패총조생), 久留米黃(구류미황) 등 널리 재배되는 품종으로 분화되었다. 한편, 札幌黃(찰황황)은 북해 도의 주요 품종으로 가을 양파의 대표종이다.

산지로는 북해도가 수위로서 약 6할, 그 뒤로 兵庫(병고), 佐賀(좌 하), 愛知(애지), 香川(향천) 순으로 이 다섯 개 도, 현에서 일본 양파 생산량의 8할을 점하고 있다(1998년산).

한편, 단 양파의 품종은 黃魁(황괴), 湘南赤(상남적−표피가 자주 색)이 근근이 재배되고 있는 정도이다.

양파는 공급이 달리거나 작황이 좋지 않은 해에는 외국(주로 미 국, 오스트레일리아, 뉴질랜드, 대만)에서 수입해서 공급을 안정시키 고 있다.

그 밖에 작은 양파가 있어서, 베이비 오니온, 프티 오니온, 페고 로스 등으로 불리우고 있다.

3
식품 재료로서의 양파

양파는 원래 서양요리에 불가결한 재료이지만 식생활이 구미화의 영향으로 오늘날에는 중국이나 한국, 일본 등에서도 폭 넓게 사용하고 있다.

식품 재료로서의 양파의 용도는 다음과 같이 여러 가지가 있다.

①수프 : 얇게 썰은 양파를 투명한 빛깔이 나올 때까지 볶아서 끓인 것이다. 이 수프에 구운 바게트(baguette:긴 막대 모양의 프랑스 빵) 빵을 곁들여 치즈를 듬뿍 뿌려서 오븐에서 구운 것이 오니온(onion) 그라탕이다.

②고기와 야채를 함께 끓인 요리

③카레라이스 : 필요 불가결한 재료이다.

④스튜 : 주로 소형 양파가 사용된다.

⑤고기 요리에 곁들이기 : 이것도 작은 양파가 사용된다.

⑥오믈렛

⑦크로켓 ⑥~⑧은 양파를 잘게 썰어서 사용한다.

⑧햄버거

⑨스터브드 오니온 : 윗부분을 잘라버리고 안을 도려내서 조미한 갈거나 저민 고기 등을 채워서 오븐에서 굽거나 익힌 것.

⑩기름에 튀긴 것(튀김)

⑪오니온 슬라이스

⑫샐러드

⑬클로브(clove), 후추와 함께 피클로 한다.

⑭스파이스 : 건조한 양파 분말로 오니온 파우더를 말한다.

⑮가공용 : 소스, 드레싱이나 소시지의 소재로 사용한다. 양파를 잘게 썰어서 마요네즈를 첨가한 타르타르 소스로, 생선이나 새우 등의 프라이에 사용된다.

또 식품 외에 껍질을 건조한 것은 자연스런 색상의 갈색 염료에도 사용되며 매염제를 이용하면 노란색, 검은 색의 염료로서도 우수한 소재가 된다.

4
민간요법으로 전통적인 이용법

양파는 조미료나 샐러드 등의 식품 재료로서 사용되는 것 외에 민간 약으로서도 널리 이용되어 왔다. 전통적인 의학 논문에서는 많은 비타민의 근원이며 발열, 부종, 위염, 만성 기관지염에 유용하다고 전해지고 있다. 식염과 합해지면 복통 등의 치료약이 되고, 같은 양의 고추 기름으로 섞은 것은 관절 류머티즘(rheumatism)의 관절통이나 염증에 효용이 있다. 또 정제하지 않은 당과 함께 먹이면 성장을 자극하며, 말라리아열에는 하루 2회 먹으면 현저한 개선을 보았다는 기록도 있다.

신선한 양파주스에는 살균제가 있다고 하며 양파 기름은 심장을 자극하는 물질이 함유되어 있으며 심장 내의 혈관인 관동맥의 혈액 양을 증가시키고 장의 평활근이나 자궁을 자극하며 또 담즙 생산을 촉진, 혈당도 떨어뜨린다고 전해오고 있다.

이들 민간요법으로 전해온 효용은 근래에 들어서 의학이나 약학적 연구에 의해 그 실태가 증명되고 있는데, 양파에는 역시 우수한 효능이 있다는 것이 판명되었다.

5

양파에 함유되어 있는 유효성분

• 영양소

양파에는 여러 가지 유효성분이 포함되어 있지만, 특히 많은 것은 이온을 포함한 유기화합물과 플라보노이드의 일종인 케르세틴이다. 오랜 민간요법의 역사에서 경험적으로 알려졌다가, 최근 과학적으로도 증명돼 있는 양파의 효능의 대부분을 차지하는 두 가지 성분에 의한 것이나 그것에 관해서는 뒤에 자세히 서술하기로 한다.

3대 영양소에는 탄수화물과 단백질(그림2)이 많고, 탄수화물 중에는 글루코오스, 과당(프락토오스), 자당(슈크로오스), 외에 장내 유익한 균(비피더스 균 등)의 움직임을 도와주는 올리고당도 풍부하다. 단백질로는 모든 필수 아미노산을 함유하고 있다. 특히, 황(S)을 포함한 아미노산(시스틴, 메치오닌)이나 아르기닌이 많아서, 이들은 동맥경화의 예방에 중요한 역할을 하고 있다고 여겨지고 있다. 같은 파속의 마늘에도 많은 아미노산이 함유돼 있으나, 양파에 비해서 이스틴, 시스틴, 메티오닌의 양이 적지 않은 까닭은 대사가 빠른 까닭이라고 여겨지고 있다. 지방산으로는 파르미틴산, 오린산, 리놀산으로, 전 지방성분의 4분의 3을 점유하고 있다. 불포화지방산 대 포화지방산의 비율은 1대 9이다.

미네랄에 대해서는 황(S) 외에, 바나듐(Va)을 많이 함유하고 있다. 바나듐은 혈관에 콜레스테롤이 붙는 것을 방지해, 심장의 발작을 예방해 준다고 알려진 원소이다. 비타민류로는 비타민C가 풍부하다.

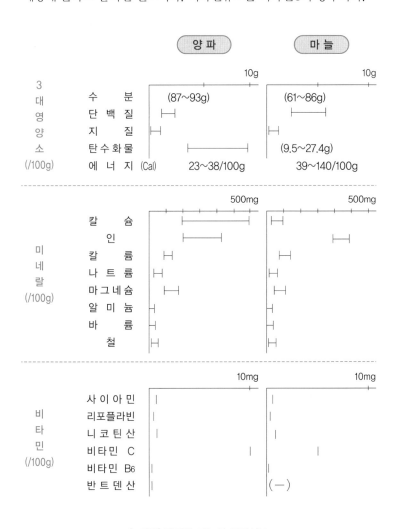

[그림2] 양파와 마늘의 영양성분

• 다채로운 함유(含硫)유기화합물

양파의 겹겹으로 쌓인 층에는 대량의 그리고 많은 종류의 유기
황화합물이 쌓여 있다. 미국 뉴욕주립대의 유명한 화학자 블록 박사는
이런 성분을 다음과 같은 3개의 종류로 나누고 있다.

① 원래 구근에 존재하는 시스틴의 안정된 유도체

② 양파를 자를 때 생기는 신선한 양파의 향을 담고 있는 불안정
한 중간생산물의 반응화합물(최루물질 등)

③ 보다 안정된 상태에서 방출하는 화합물(증류한 기름에 존재)

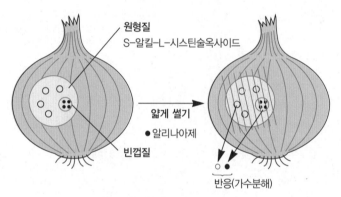

원형질
S-알킬-L-시스틴술옥사이드

얇게 썰기
●알리나아제

빈껍질

반응(가수분해)

[그림3] 알리나아제 방출과 반응

양파에는 ①에 관해 S-1 프로페닐시스틴스루옥사이드(이소아
린), S-메틸시스틴스루옥사이드, S-프로필시스틴스루옥사이드가 함
유되어 있다. 이소아린은 황화합물 가운데 최고로 많은 물질(2%)로 효
소와 반응해 눈물을 흐르게 하는 물질(최루물질)로 변한다(최루물질의
직전물질). 이소아린 등의 S-알킬-L-시스틴스루옥사이드류는 세포의
원형질에 들어 있어서, 한편으로는 빈 세포 안에서는 가수분해효소의

알리나아제가 함유돼 있다. 둘은 세포벽으로 이격돼 있으나 양파를 절단할 때 세포가 파괴돼 아리나제가 방출돼 스루옥사이드가 가수분해돼 휘발성 냄새가 나는 저분자량의 유기 황화합물이 된다.(그림 3) 이를테면,

· S-1-프로페닐시스틴스루옥사이드(이소아린) → 트랜스-1-프로펜스루펜
· S-메틸시스틴스루옥사이드→메탄스루펜산
· S-프로필시스틴스루옥사이드→프로펜스루펜산으로 된다. 이상의 스루펜산은 모두 RS-O-H 형으로 존재한다.

절단한 양파의 반응화합물 중에서 최고로 현저한 물질의 하나가 프로펜치알S-옥사이드로 이것은 최루물질의 직전물질이다.

신선한 양파 추출물의 냄새 성분에 대해서는 티오술피넷류가 중요하다. 이것은 몇 개의 술펜산 농축에 의해 형성된다.

트랜스-1-프로펜술펜산과 프로펜티알S-옥사이드가 합해져, 탄소결합이 일어나면 알파-(1-프로펜술피닐) 프로펜술페닐산을 생성시켜, 새로운 알파-술피닐디살파이드(세파엔)으로 변한다. 전술한 티오술피넷의 세파엔은 중요한 황성분으로 뒤에 자세히 쓰겠지만 생활습관병에 관해 우수한 예방, 개선작용을 갖고 있다.

이소아린에 효소(아리나제)가 작용하여 최루물질 등이 생성되는 반응과 매우 흡사한 즉시반응은 마늘의 경우에도 보인다. 마늘에는 비휘발성 성분인 S-아릴시스틴술옥사이드(아린)가 많이 함유돼 있지만, 이것에 효소인 아리나제가 작용하면 강렬한 냄새 성분이 있는 디아릴디술파이드옥사이드(아리신) 등의 화합물이 생긴다. 아리신도 마늘의 유효성분의 중요한 하나이다.

양파의 증류성분에는 약0.005 퍼센트의 기름기가 함유돼 있으나, 이 양파기름에도 100 종류 이상의 유기 황화합물은 혼재돼 있다.

양파의 디에틸에테르 추출물을 가스크로마토그라피로 분석해 보면 많은 폴리술파이드류가 검출되나, 그 가운데 띠 모양의 황화합물의 하나인 3-4-디메틸티오펜 S는 역시 양파의 효능과 관련된 중요한 성분으로, 요리하거나 프라이를 했을 때, 때로는 절단했을 때 나오는 향기의 근원에도 있다. 동일하게 띠 모양의 황화합물인 사이크로아린(양파에 제일 많은 무취의 성분)도 중요한 성분이다.

마늘의 증류성분에 포함된 마늘기름(0.1~0.2 %)에도 많은 유기 황화합물이 함유돼 있다. 주성분(약 60%)은 아리신으로 그 밖에 아릴 페로필디살파이드(약6 %) 등의 폴리살파이드, 몬살파이드가 포함돼 있다.

이상의 황화합물 외에 양파나 마늘에는 그 유도체를 포함한 아미노산인 감마-글루타민 유도체가 다량 포함돼 있다.

• 양파의 플라보노이드(flavonoid. 식물 색소의 총칭)는 흡수가 잘 된다

플라보노이드의 일종인 케르세틴도 황화합물과 함께 양파의 기능성(건강증진, 생활습관병 예방 및 개선 작용)에 중요한 성분이다. 플라보노이드는 식물에 널리 분포된 색소의 일종으로 페닐크로만 골격에 갖가지의 치환기가 붙은 2,000종 이상의 화합물의 총칭이다. 일반적으로는 플라보노이드는 주로 잎이나 그 다른 부분에 존재하지만 양파 등에서는 뿌리에 해당하는 부분에 많이 함유돼 있다.

식물에 있어서의 플라보노이드의 역할은

① 자외선, 세균으로부터 보호

② 개화, 결실 등의 대사에 관여해, 뒤에 말하겠지만, 현저한 항산화작용을 갖고 있다.

플라보노이드는 1936년 헝가리의 센토교르지에 의해 사람의 모세혈관의 위약성, 투과성을 감소시키는 점이 발견돼 비타민 P로 명명되었다. P는 투과성(Permiability)로부터 붙인 것이다. 더더욱 어떤 종류의 플라보노이드는 비타민 C와 활성을 공유함으로써 비타민 C_2라 불리었지만, 나중에 비타민이라는 개념에 들어갈 성질이 아니라고 판단, 비타민이라는 명칭을 쓰지 않게 되었다.

그러나 플라보노이드는 많은 연구로부터 혈압저하, 항부정맥, 항염증, 항알레르기, 항지질, 항종양활성, 살균 등의 작용, 더더욱 항산화작용도 있는 점이 밝혀져 강력한 건강증진효과를 가진 성분으로 각광 받게 되었다.

플라보노이드는 자연계의 식물에 함유된 페놀화합물로서 다음과 같은 공통골격(skeleton)을 갖고 있다.

· 디페닐피란즈
· 두개의 벤젠 고리(A와 B)
· 헤테로 사이클릭 피란 그리고 피론 고리

이 기본구조를 근원으로 플라보놀, 플라본, 케르세틴, 켐페롤 등이 있다.

식물 중의 플라보노이드는 여러 가지다. 네덜란드의 헤르토쿠라에 의하면 케르세틴의 양이 압도적으로 많은 것은 양파이다.(그림6) 하루 플라보노이드 필요량은 국제중독학회 프로그램의 보고에서는 25밀리그램이 적당하다고 돼 있다. 양파에는 케르세틴이 1개(200그램)당 약 60~100 밀리그램 함유돼 있다. 각국의 케르세틴 섭취량, 섭취원은 (그림7) 정도이다.

플라보노이드는 통상 식물 중에 배당체(글리코시드)로 존재해 있다. 플라보노이드 분자 중에는 당을 제외한 부분을 아글리콘이라고 부르고 있다. 모두 케르세틴이라 부르지만 화학구조가 다른 것 같이 여러 타입이 존재하고, 지금까지 179종 이상이 있는 것으로 판단된다.

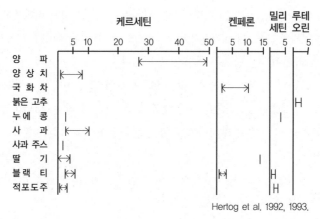

[그림6] 플라보노이드 함유량

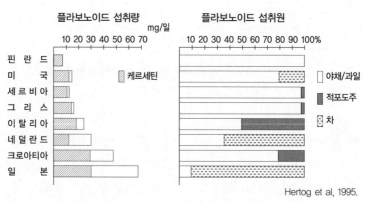

[그림7] 각국의 플라보노이드(케르세틴) 섭취량, 섭취원

플라보노이드의 흡수와 대사에 관해서는 플라보노이드가 배당체에 있어서, 그렇게 연관된 고분자량의 물질이 친수성이 있기 때문에,

소장에서의 흡수를 방해한다고 생각된다. 장에 사는 세균은 당으로부터 아글리콘(플라보노이드 분자로부터 당을 제외한 부분)을 방출하는 게 가능한 효소(글리코시타제)를 생산해서, 플라보노이드의 피론 고리(C고리)를 끊어서 페닐초산, 페닐프로피온산 등도 만든다. 그러나 글리코시타제의 작용은 고리를 여는 것(피론 고리)보다는 빠르기 때문에 상처가 없는 상태의 플라보노이드가 대장 내에서 존속하게 된다.

　동물에게 케르세틴을 경구 투여후 분포를 탄소(14C)표지 케르세틴을 사용해서 검토한 보고가 다수 있으나, 44%가 장내(주로 하부 대장), 15%가 호흡중, 12%가 폐조직내, 3%가 대장벽, 4%가 소변 중에서 케르세틴이 아닌 형태로 발견되고 있다. 간장, 비장, 심장, 뇌에서는 발견되지 않는다. 결국 프리의 플라보노이드는 전신순환, 특히 장-간 순환중에는 존속하지 않는다고 생각될 수 있다.

　이태리의 크라베리라(1987년)는 체중 1킬로그램당 2그램이라는 대량투여로, 소변보다는 대변으로 배설된다는 보고를 하고, 1일 25~50 밀리그램의 케르세틴을 섭취한 경우, 0.3~0.5% 정도가 흡수, 사용돼 치료효과가 있는 것으로 생각될 수 있다.

[표3] 3종류의 식품섭취(9명)의 케르세틴 흡수 및 배설

		양 파	사 과	차
흡수	피크에 이르기 까지	0.70 시간	2.51	9.3
	피크치	0.74	0.30	0.3
반 감 기		4.4시간	2.4	–
배설반감기		28시간	23	–
AUC(0~36h) (혈장 농도하의 총면적)		2330	1061	983

[표4] 24시간 소변 중 배설

식품	케르세틴 섭취	케르세틴 소변중 배설량	비율(섭취량과의 비율)
양파	22.5(μmol)	3.22(μmol)	1.39%
사과	325	1.45	0.44
차	331	1.17	0.35

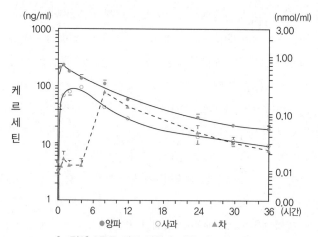

[그림8] 3종류 식품 섭취에 의한 케르세틴 농도

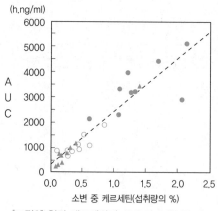

[그림9] 혈장 케르세틴의 AUC와 소변 중 케르세틴

네덜란드의 홀만(1995년) 등은 장에서 흡수된 케르세틴이 장내세균에 의해 변성돼, 소실되는 것을 피하기 위해서 9명의 임상실험단으로 검토했다. 실험에는 3종류의 서로 다른 보조품을 투여했다.

① 프라이 양파

② 순수 케르세틴루치노사이드

③ 순수 케르세틴아글리콘(당을 제외한 것)

투여후의 회장루액을 모아 경구섭취량으로부터 회장루 배설량을 제외한 양을 흡수량으로 하면 ①이 50%, ②,③이 20~30% 정도의 흡수율을 보였다. 이보다 케르세틴의 흡수율이 꽤 높은 것, 그래서 당을 함유한 케르세틴(케르세틴 배당체) 방법이 흡수가 잘된다는 것은 플라보노이드의 타입에 의해서 흡수율의 차이가 있음을 밝혀주었다고 볼 수 있다.

홀만(1997) 등은 각종 식품에 함유된 플라보노이드의 인간에 대한 생물활성을 검토해서, 케르세틴이 많은 대표적 식품으로, 양파, 사과, 차를 측정했다. 그런 결과 당과의 관계는

· 양파 : 케르세틴의 포도당(글루코스)의 복합체(배당체)
· 사과 : 케르세틴의 포도당 복합체와 케르세틴아글리콘
　　　　　(당이 없는 것)
· 차 : 케르세틴-3-루티노사이드(루틴)

으로 36시간중의 혈장치를 측정했다(표3). 혈장 케르세틴 농도는 양파, 사과, 차 순으로 급상승, 피크에 다다른 시간도 같은 순서였다. 최고치는 양파가 가장 높았고 사과와 차는 비슷한 수준을 보였다. 이상에 의하면 사과나 차의 케르세틴 생물활성은 양파의 30% 정도라고 볼 수 있다.

케르세틴과 그 복합체의 24시간 소변 중 배설은 표4와 같이 섭취량과 비교해서 양파가 가장 많은 1.39%, 사과와 차는 각각 0.44%, 0.35%였다. 그림9는 소변 중 케르세틴 농도가 높으면 혈장 케르세틴도 높다는 상관관계를 보여주고 있다.

결국, 양파처럼 글루코시드(배당체)의 경우 흡수가 빠르고 차처럼 루틴 형태는 흡수가 느리고, 각종 글루코시드를 함유한 사과는 중간쯤의 흡수를 보여준다. 바꿔 말하면 양파 같은 포도당(글루코스)와 복합체를 형성하고 있는 케르세틴은 소장에서의 흡수가 높고, 배설의 반감기가 길어서, 이런 케르세틴을 함유한 식재료를 반복해 섭취하면 혈중 케르세틴 축적이 얻어져, 그 효과가 한층 강해질 것이 기대될 수 있다.

한편, 조리법에 의해서 양파내의 케르세틴 함유량이 변화되는가에 관하여서는 오오사카교육대학의 井奧(정오) 등(1997)이 보고하고 있다. 담로산 황색 양파를 얇게 썰어 프라이팬을 사용해서

① 기름없이 볶는다

② 옥수수기름으로 볶는다

③ 버터로 볶는다

④ 전자레인지로 볶는다

⑤ 증류수를 이용해서 삶는다

다섯가지 방법으로 케르세틴 양을 측정한 결과, 총 케르세틴 양은 ①, ②에서 증가했는데, 이는 가열보다는 추출이 용이해진 까닭이라 생각할 수 있다. ③에서는 변화가 감지되지 않았고, ④, ⑤는 검토 중이지만 결국 조리방법으로 케르세틴이 감소하는 것은 아닌 것 같다.

6
가열하면 달게 되는 이유

    양파(특히 황색계)에는 특유한 매운 맛이 있지만, 가열하면 매운 맛이 사라져 달게 된다. 이 단맛은 설탕으로 대체될 수 없는 것이다.

    오차노미즈여자대학의 山西(야마니시)등(1955)은 이 특유의 단맛은 생양파의 매운 맛의 본체인 알킬디술파이드류가 가열로 일부는 휘발되고 일부는 분해되어서 단맛이 있는 프로판티올(프로필멜캅탄)로 변하기 때문이라고 생각해, 실제로 이 물질을 합성해 보니 설탕의 50~70배의 단맛이 있다고 보고되고 있다. 그러나, 그 후의 검토에서 山西 등(1993)은 합성한 프로판티올(표준물질) 수용액은 관능평가에서 보다 단맛을 주지않고 가열에 의해 오히려 감소됨을 밝혀내고, 본물질은 가열양파의 단맛 성분이 아니라는 결론에 이르렀다.

    생양파 중에는 약 6%의 분리된 당(포도당, 과당, 자당)이 있어서, 가열에 의해서 변하지 않지만 감소하는 경향이 있으나, 수분의 증발에 의해서 이들의 당 농도가 올라가고, 가열에 의한 조직파괴나 연화에 의해 단맛을 강하게 느끼게 된다는 결론에 도달했다. 자극성 있는 냄새의 원인이 되는 함유화합물은 가열로 감소해서 단 향기성분이 생성된다고 생각할 수 있다.

7
양파는 생활습관병의 예방, 개선에 도움이 된다는 것이 증명되었다

암, 심장병, 뇌졸중, 당뇨병 등의 병은 나이가 들어감에 따라 증가되기 때문에 성인병이라고 불리웠지만, 이런 병의 발병에 있어 생활습관이 깊이 연관돼 있다고 밝혀져, 최근에는 성인병보다는 생활습관병이라는 명칭을 사용하는 경우가 많아졌다. 생활습관병 가운데서는 당연히 식습관이 가장 중요한데, 식습관과 병의 관계가 세계적으로 조사돼, 건강증진, 질병예방 및 개선에 도움이 되는 음식을 추구하게 되었다. 그중에서도 양파는 민간요법으로 오랜 역사가 있고 일찍이 주목되어 오고 있다. 특히 1970년대부터 구미나 인도를 중심으로 많은 연구가 이루어져 암, 심혈관병, 당뇨병, 기관지천식, 골다공증, 안질, 피부병 등의 예방, 개선효과, 간 강화, 해독, 항염, 항균, 바이러스, 노화방지 등의 효과가 있는 것으로 확인되고 있다. 특히 심혈관병의 위험인자인 고지혈증이나 혈전, 당뇨병이나 그 합병증과 관련해서는 역학조사뿐 아니라 많은 시험이 행해져서 놀랍게도 80%의 유효성이 확인되고 있다.

이상과 같이 양파는 일본인의 사망원인 1위부터 3위까지의 병, 생활의 질을 떨어뜨리는 많은 질병의 예방과 개선에 효과가 높다. 게다가 약물에서 보이는 부작용도 없다. 그래서, 생활습관병처럼 장기적인 대처가 필요한 질병의 예방과 개선에 최적의 식품이라고 할 수 있다. 단 양파는 생활습관병의 특효약이나 만능약은 아니다. 간, 심혈관병, 당뇨병 등의 질병은 생활습관병이라는 이름이 보여주듯이 장기간의 잘못된 식생활에 의해 발병하기 쉽다. 그래서 이런 질병을 예방하고 개선하기 위해서는 식생활은 물론 스트레스, 운동, 수면 등의 생활습관 전반을 바로잡는 일이 중요하다. 그런 가운데 양파를 즐겨 먹는데 주의하면, 양파의 효용을 십분 발휘케 할 수 있다.

양파는 특히 소화기 계통의
암 예방에 효과가 있다

1
암은 어떤 병인가

암은 말할 것도 없이 우리나라에서 가장 사망자가 많은 질병이다. 하루가 다르게 발전한다는 현대의학도 지금까지 이 질병을 극복하지는 못하였다. 그러나 최근 많은 역학 연구에 의해 암의 발병에 생활습관이 깊이 연관돼 있음이 밝혀져 생활습관을 고침으로써 암의 발생을 억제할 수 있다고 믿게 되었다. 생활습관 중에서도 식생활이 가장 중요한데, 암의 예방에 효과가 있는 식품이 계속 보고되고 있다. 그 가운데 양파는 유망한 항암식품이다. 특히 위암, 대장암 등 소화기계통의 암에 대한 예방효과가 기대되고 있지만, 그런 설명에 들어가기 전에 암의 정체에 관해 개략적으로 서술해 본다.

체세포의 일종이 이상이 생겨 과도하게 증가하는 병변을 종양이라고 부른다. 말하자면 종기나 혹의 모양을 취하나, 종양은

① 상피성 종양

② 간엽조직 종양

③ 조혈기 종양

④ 신경성 종양 등,

네 가지로 나눌 수 있다. 종양의 절반은 상피성 종양으로, 상피성 조직의 특징을 갖고 있다. 즉 체표면(피부)부터 후두, 식도 등의 관강 내면(管腔內面))을 덮고 있거나, 위, 장 등처럼 선구조를 취해 분비하는 경우가 대부분이다. 여기에는 양성과 악성이 있고, 악성이 암종(카르티마)이며 생략해서 암이라 한다. 그래서, 대부분의 병명에 피부암, 위암, 대장암처럼 암을 붙인다.

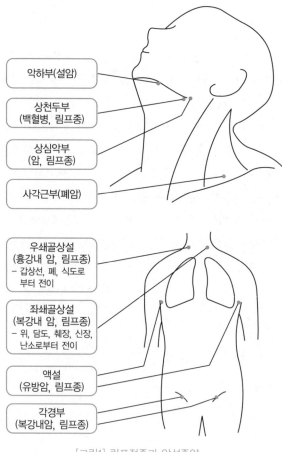

[그림1] 림프절종과 악성종양

[표1] 장기별로 본 악성종양의 조직형

장기	암			육종	조혈기 종양
	편평상피암	선암(腺癌)	기타		
피부	○				
후두	○				
폐	○	○	미분화암		
식도	○				
위		○	미분화 선암		악성 임파종
장		○			
간		○ (간세포암)			
담낭, 담관		○			
췌장	○	○			
갑상선		○	다형세포암 후델세포암		
전립선		○	단순암		
난소		○		선유육종 미분화 배세포종	
자궁질부	○	○			
체부		○	융모암	근육종	
유선(乳腺)		○		육종	
신장		○ (Grawits)		Wilms 종양	
신우, 뇨관			이행상피 세포암		
근육				횡문근 육종	
뼈				골육종 Ewing 종양	
뇌수				수아종	
말초신경				신경선유육종	
골수					백혈병 골수종
림프절					백혈병 악성림프절
비장					백혈병 악성림프종

47

간엽조직 종양은 위, 연골, 근육, 혈관, 지방 등 중배엽(발생 초기의 배에 생기는 삼배엽 가운데 중간층)으로 부터의 결합조직에서 분화되어 생기지만 골유래와 연부조직유래(근육, 피하조직)으로 나뉘어, 골종양, 연부(조직)종양이라 불리운다. 이런 간엽조직종양에도 양성과 악성이 있어서, 악성이 육종(잘코마)에 속한다.

조혈기종양은 구성조직이 골수, 림프절에서부터 림프조직, 흉선, 비장으로 구성세포는 주로 골수성세포와 림프구이다. 다른 딱딱한 종양과 달리 조기에 장기나 혈관 내에서 종양세포가 증식된다. 병명으로는 백혈병(급성, 만성), 악성 림프종, 다발성 골프종 등이 있다.

신경성 종양은 중추신경계와 말초신경계로 나뉘어, 후자는 연부조직이나 내분비(호르몬) 장기의 종양에 포함시키는 경우가 많고, 전자는 뇌나 척수에 발생한다.

표1은 장기별로 보이는 악성종양의 조직형을 보여준 것이다.

암이 대부분인 악성종양은 초기에는 거의 증상이 없고, 증상이 나타나더라도 특징적인 것이 없는 까닭에, 조기발견 기회를 놓치는 경우가 많다. 암으로 의심할 수 있는 증상은 다음과 같다.

· 전신증상(식욕부진, 체중 감소, 만성 피로, 나른함, 발열, 빈혈 등)
· 출혈(혈담, 객혈, 토혈, 하혈, 혈뇨, 성기 출혈, 피하 출혈 등)
· 기타(종류, 림프절종장, 두통, 흉통, 복통, 황달, 변비, 하리, 쉰 목소리 등)

암은 종양발생지(암이 최초에 어디서 발생했는가)와 전이지역(림프나 혈액을 매개로 다른 장기로는 림프절로 전이)의 관계가 있다. 그래서 림프절종이 커져서 원발생지의 암을 발견하는 계기가 되는 경우가 적지 않다(그림1).

2
발암의 구조

• 유전자의 이상과 생활습관

일본인의 암 발생률은 고령화와 함께 증가하는 추세에 있다. 장기별로는 위암, 자궁암은 감소하고 있으나, 구미형인 폐암, 대장(결장, 직장)암, 유방암은 현저히 증가하는 경향을 보이고 있다. 일본인의 전통적 식습관인 쌀의 섭취량이 줄고 육류와 유제품의 섭취가 늘어난 영향으로 보인다.

암의 발생은 유전자 이상과 생활습관(특히 식습관) 등과 밀접한 관련이 있다. 인간의 몸을 구성하고 있는 세포 중에는 항상 암세포가 존재하고 있어서 매일 수천 개가 발생하고 있다고 한다. 그러나 보통은 암에 대항하는 많은 억제 유전자가 있어서 일정 시간이 지나면 그 성장이나 증식을 억제하게 된다.

이것과는 별도로 발암물질 혹은 자극인자에 의해 체세포 유전자가 손상돼 돌연변이를 일으키는 경우가 있다. 인간의 몸에는 면역기구가 준비돼 있어서 변이를 일으킨 세포가 그 상태로 암이 되는 없지만, 면역기구의 활동이 저하되면 변이를 일으킨 세포가 무질서한 증식을 시작해 주위의 조직에 침투하거나, 멀리 떨어진 곳까지 전이해서, 최종적으로 사망에 이르게 하기도 한다. 또, 체내에서 발생한 암세포도 암억제 유전자가 결손됐다거나 그 기능이 떨어져 있을 때 똑같이 암으로 발전한다.

• 발암의 세 가지 프로세스

암으로 발전하는 경우는 크게 3가지 단계를 거치게 된다.

① 이니세션(초기단계)

정상세포에 발암물질이 침투해 DNA(유전자)에 손상을 일으킨다. 그 결과 DNA가 돌연변이를 일으킨다.

② 프로모우션(증식단계)

손상을 받은 세포에 발암촉진물질이 작용하면 손상이 커져서 변이를 일으킨 세포가 증식된다. 이것을 방지하는 면역기구로는 NK(내추럴 키라이)세포나 탐식세포(매크로파지) 등의 면역세포가 있다. 이런 세포는 직접 암세포를 억제한다.

③ 프로그레션(악성화단계)

DNA손상이 거듭되면 돌연변이를 일으킨 세포가 정상조직 안으로 침투하게 된다. 이 단계에서는 세포장해성 T세포나 킬러세포가 발암물질의 활성화를 억제시켜 진행을 멈추게 한다.

그러나 이런 면역기구가 저하돼 있거나 DNA의 손상이 커졌거나, 손상세포의 증식이 현저할 경우, 결과적으로 암의 진행이 되고 만다.

①의 DNA손상을 초래하는 발암물질을 이니시에이터(initiator)라 부른다. 담배, 자외선, 활성산소, 음식중의 특수한 화학물질 등이 있다. ②의 발병을 촉진하는 물질은 프로모우터(promoter)로, 역시 담배, 활성산소 등 이니시에이터와 동일한 물질이다. 이런 발암이나 발병 촉진물질은 장기에 따라 다른 경우가 있는데, 예컨대 위암에는 염분, 유방암에는 고지방식 등을 들 수 있다.

산소에는 여러 가지 타입이 존재하는데, 전자로 환원돼 발생한 대사산물을 활성산소라 부른다. 활성산소는 체내외의 여러가지 요인

생체외	빛 · 방사선 대기오염 흡연 · 약물 등

생체내	염증 허혈재관류 쇼크 등

활성산소 종류

수퍼옥시드	O_2
과산화수소	H_2O_2
하이드록시라디칼	$-OH$
1중항산소	$1O_2$
페릴이온	$Fe^{4+}O$
일산화질소	NO 등

항산화
시스템
(체내합성)

생체내 방어

효 소	수퍼옥시드 디슘타아제(SOD) 카타라아제 글루타치온 페루오시타아제 등
비 효 소	요산 빌리루빈 유비키놀 알부민 등

(체내 합성량만으로는 불충분)

생체외 방어(식품 항산화물질)

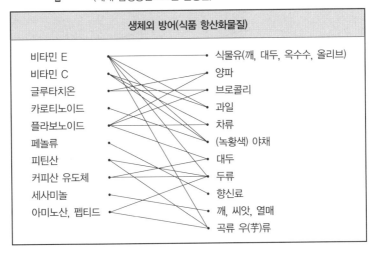

[그림3] 활성산소의 방어기구

제 2 장 양파는 특히 소화기 계통의 암 예방에 효과가 있다

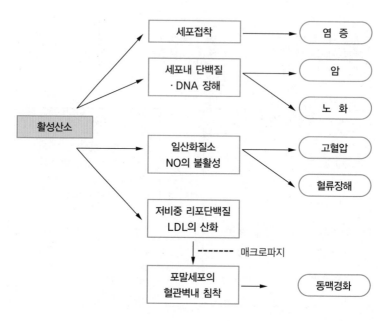

[그림4] 활성산소의 유해성

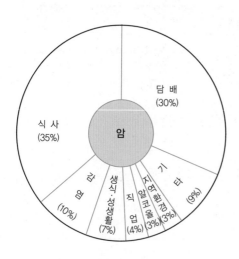

[그림5] 암 사망률에 관한 위험요인

담 배
(30%)

식 사
(35%)

암

감
염
(10%)

생식·성생활
(7%)

직
업
(4%)

알
코
올
(3%)

지
역
환
경
(3%)

기
타
(9%)

으로부터 발생하는데, 강한 반응성을 갖고 있으나, 생체 내에는 이를 처리해서 해롭지 않도록 할 수 있는 소거기구가 있다. 그러나 생체 내 방어기구로 처리될 수 없게 되면, 활성산소는 생체에 악영향을 미치게 된다. 그래서 생체 외로 부터 식품 항산화물질을 섭취해서 이를 방어할 필요가 생기게 된다. 뒤에 자세히 서술할 플라보노이드도 그런 것의 일종이다. 체내 소거기구나 식품 항산화물질로 처리할 수 없는 활성산소는 생체의 이러저런 구성성분에 작용해서 염증, 암, 노화, 고혈압, 동맥경화 등을 불러온다(그림4).

영국의 돌과 페토(1981)는 미국의 암 발병, 사망에 관한 원인을 분석하고 있으나, 식사와 담배를 포함해 암 전체의 3분의 2 이상은 생활습관과 관련이 있다고 보고하고 있다(그림5).

53

3
발암물질을 함유하는 식품과 항암식품

음식물은 암 발병과 관련된 최대의 원인으로, 식습관에 의해 발암의 위험이 커지거나 혹은 감소하는 것은 많은 조사에 의해 증명되고 있다. 식사나 영양과 암 예방에 관해 150명 이상의 전문가에 의한 위원회가 4500개의 연구를 재검토하고 평가해서 3년간에 걸쳐 인정한 결과를 보고했다. 이것은 암의 위험성과 관계된 영양, 조리, 식사 방법, 에 관해 세계의 문헌을 검토한 것으로 학자, 전문가, 일반인에 대해 각각 14개 항의 권고를 하고 있다. 각종 식품이나 영양에 대해 암 위험도를 억제, 또는 증대, 관계없음으로 나누고, 억제나 증대에 대해서는 확실, 반드시 있음, 있어 보임, 셋으로 나누어 암에 관련이 있다고 인정된 항목에 대해 14개 항의 관찰결과를 인정한 것이다.

각 장기의 암 위험요인은 다음과 같다.

① 식도암 : 초산염(발암성)을 함유한 식품(건어물, 훈제 등)을 많이 먹기, 독주가 없을 때는 과음, 흡연.

② 위암 : 염분(물고기나 야채의 염분), 과식, 빨리 먹기, 기타 식도암과 같은 요인.

③ 대장암 : 변비(식물섬유의 섭취 부족), 대장 포리프, 지방의 잦은 섭취.

④ 폐암 : 흡연, 분진.

⑤ 간장암 : 간염(B형, C형), 수혈, 과음

⑥ 유방암 : 미혼, 수유 미경험, 아이가 없는 여성, 비만, 음주

⑦ 췌장암 : 흡연, 지방의 잦은 섭취.

⑧ 담도암 : 흡연, 지방의 잦은 섭취, 산채나 민물고기의 과식

이 외에 탄 것도 문제가 될 수 있다. 이것은 이미다조키노린류나 메틸이미다조키노린 등의 발암물질을 생성하는 까닭인데, 높은 열로 고기를 구울 경우에는 타지 않더라도 유사한 발암물질이 생긴다.

미국 국립 암연구소의 피어슨이 제창한 암 예방에 관한 디나프즈 계획에서 추천한 식품군은 그림6과 같은 피라미드 모양이다.

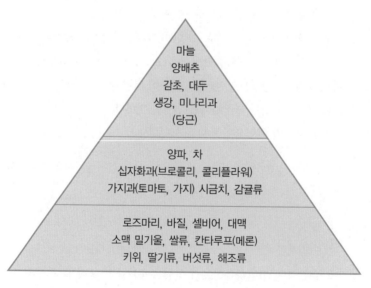

[그림6] 암 예방효과가 있는 식품(성분)

이 중에는 항산화물질의 카로티노이드나 플라보노이드를 함유한 식품이 적지 않다.

식품에 함유된 발암억제물질에 대해서는 항산화물질이 대표적이나, 그 외에도 동물성, 식물성 화학물질이 많이 인정을 받고 있다(표 4). 일반적으로 항산화작용이 있는 야채나 과일은 색이 짙은 정도에 따라, 그 작용이 강한 것으로 보인다. 그것은 색소성분에 항산화작용이 있기 때문이다. 예컨대, 토마토의 경우 빨간 것이 리코핀(카로티노이드의 일종)이 많다든가, 당근도 오렌지색이 강한 쪽이 카로틴 양이 많다.

이상에서처럼 위험하다고 생각되는 식습관은 고치고, 반대로 예방에 도움이 되는 음식은 한 가지에만 집착하지 말고, 여러 개를 조합해서 섭취하는 것이 암 예방에 큰 도움이 될 것이다.

[표4] 항암식품(성분)

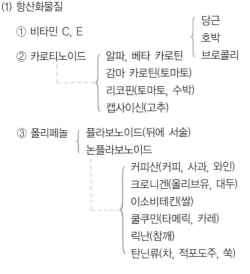

(1) 항산화물질

① 비타민 C, E
② 카로티노이드 ┌ 알파, 베타 카로틴 ┐ 당근
　　　　　　　　│ 감마 카로틴(토마토) │ 호박
　　　　　　　　│ 리코핀(토마토, 수박) └ 브로콜리
　　　　　　　　└ 캡사이신(고추)

③ 폴리페놀 ┌ 플라보노이드(뒤에 서술)
　　　　　　└ 논플라보노이드
　　　　　　　　┌ 커피산(커피, 사과, 와인)
　　　　　　　　│ 크로니겐(올리브유, 대두)
　　　　　　　　│ 이소비테킨(쌀)
　　　　　　　　│ 쿨쿠민(타메릭, 카레)
　　　　　　　　│ 릭난(참깨)
　　　　　　　　└ 탄닌류(차, 적포도주, 쑥)

④ 유황화합물
　　양파, 마늘, 파
　　양배추, 락교
　　순무, 무
　　브로콜리

- -

(2) 기타 물질

① 알칼로이드 … 토마토, 가지

② 인돌류 … 양배추

③ 식물섬유

④ 키틴, 키토산 … 새우, 게의 껍질 성분

⑤ DHA(도코사헥사엔산)　　　　　고등어, 꽁치, 정어리

⑥ EPA(에이코사헥사엔산)

⑦ 랄페노이드 … 밀감류, 감초, 로즈마리

⑧ 엽록소(클로로필)

⑨ 타우린 … 어패류

⑩ 세렌(Se)　… 참깨, 콩, 마늘

4
양파를 많이 먹으면 위암 위험이 적어진다

양파는 대표적인 항암 식품이다. 특히 소화기 계통의 암 예방이 기대되고 있으며 위암의 발생을 방지하는 우수한 효과를 나타내는 역학 조사의연구보고가 전 세계에서 잇따라 나오고 있다.

① 미국, 하와이 대학의 보고(1972년)

위암 환자 220명과 다른 병에 걸려 있는 입원 환자 440명을 대상으로 조사하였더니 양파를 월 8회 이하밖에 먹지 않는 사람의 위암 위험도를 1이라고 했을 때 일본계 2세에서는 양파를 8~20회 먹는 사람의 위험도는 0.67, 21회 이상 먹는 사람의 위험도는 0.31이었다. 일본계 1세 및 2세를 합친 양쪽의 경우에도 양파를 많이 먹는 사람일수록 위암에 잘 걸리지 않는다는 것이 판명되었다.

일본에서 위암의 위험도가 높은 현에서의 이주자(일본계 1세)는 하와이에서도 위암에 대한 위험도는 높은 치를 나타내고 있었는데 2세에서는 1세에 비해 낮게 되어 있다.

② 그리스 아테네의과대학의 보고(1985년)

위암환자 110명과 컨트롤군(비교대조군) 100명을 대상으로 80가지의 음식, 음료에 대해 검토 중이다. 양파를 주 1회 먹는 사람(A군)과 2회 이상 먹는 사람(B군) 위암에 걸리는 상대 리스크는 1대 0.68로, 역시 양파를 자주 먹는 사람이 위암에 걸릴 확률이상대적으로 적다는 결과가 나와 있다. 더더욱, 양파를 한 달에 한 번도 먹지 않는 사람은 위암 환자군의 40명(36.3%), 컨트롤군의 27인(27%), 매일 먹는 사람은 위암 환자의 13명(11.8%), 컨트롤군의 43명(43%)로 역시 같은 결과를 보이고 있다.

③ 이태리 밀라노대학의 보고(1989년)

위암 환자 1016명과 컨트롤군 1159명이 대상으로, 146종의 음식을 검토했다. 위암의 위험이 높은 음식은 고기, 소금에 절인 물고기, 건어물, 얇게 썬 냉장육과 건조치즈 결합물, 식염(더불어 염분이 많은 식품), 반대로 리스크가 적은 음식은 냉동식품, 생야채, 신선한 과일, 올리브유, 양파나 마늘 같은 것이다. 양파와 마늘을 거의 먹지 않는 사람(A군)과 많이 먹는 사람(C군)의 위암에 걸릴 위험은 1대 0.8로 역시 많이 먹는 쪽이 낮았다.

④독일 암 연구센터의 보고(1991년)

위암 걸린 폴란드인 741명과 컨트롤군 741명을 대상으로 조사하였더니 위암의 위험도를 높이는 식품 재료는 소시지, 염분을 첨가한 식품, 열을 가한 고기 그리고 불규칙한 식사 섭취, 반대로 위험도를 경감하는 식품 재료는 치즈제품, 표백하지 않은 빵, 야채, 과일(특히 간식으로서 먹는다)이었다. 특히 현저한 효과를 볼 수 있었던 식품 재료는 양파와 무로 양파의 섭취량이 적은 무리와 많은 무리의 위암에 대한 상대 위험도는 1대 0.8이었다. 위암 환자 및 컨트롤군에서 양파 섭취량이 적은 군과 많은 군이 차지하는 비율은 위암으로 43퍼센트, 컨트롤군으로 39퍼센트, 30퍼센트 그리고 역시 양파를 보다 많이 먹은 쪽이 위암의 위험도가 적은 경향이 인정된다.

⑤ 벨기에 간 재단의 보고(1992년)

연령을 25세에서 75세까지 한정해, 위암 사망률이 아주 높거나 낮은 지역의 사람을 골라 위암 환자 449명, 컨트롤군 3524명을 대상으로 식사에 관한 조사를 했다. 특히 생 뿌리야채들 양파나 마늘의 섭취량과 위암에 걸리는 상관관계를 보니 거의 먹지 않는 사람(A군)과 잘 먹는 사람(B군)의 위험은1대 0.56 정도가 되는 것으로 확인됐다. 열을 가해 요리한 양파의 경우에는 1대 0.3 정도로 낮았다. 결국 양파의 위암 예방효과는 날것이든 익힌 것이든 모두 있는 것으로 분석된다.

⑥ 스웨덴 웁살라대학의 보고(1993년)

위암 환자 338명과 컨트롤군 669명을 대상으로 20년간 알던 음식을 검토하니, 잘 갈아낸 밀로 만든 빵, 야채, 과일, 치즈, 물고기, 차 등은 위암의 위험을 줄였다는 결론을 내렸다. 양파에 관해서는 섭취 횟수를 월 0회(A군), 3회(B군), 7회(C군), 11회(D군), 4단계로 나눠서 위암과의 상관관계를 조사하니, 1대 0.84, 0.83, 0.84로 양파를 월 3회 이상 먹는 사람들에게 위암 위험이 현저히 적은 것으로 나왔다.

⑦ 네덜란드 린부르그대학의 보고(1996년)

55세부터 69세까지 12만8백52명의 네덜란드 사람들의 식사 및 생활습관을 10년간에 걸쳐 집계한 결과, 그 가운데 무작위로 3500명을 뽑아, 처음 3.3년 동안 추적조사 중에 발견된 위암환자 139명과 컨트롤군 3123명을 검토했다. 150가지 음식에 관해 질문했으나, 그 가운데 특히 파에 속하는 음식의 소비에 초점이 모아져 검토되었다. 하루 양파 섭취량을 먹지 않는 사람(A군), 4분의 1개 이하를 먹는 사람(B군), 4분의 1에서 2분의 1개를 먹는 사람(C군), 2분의 1을 먹는 사람(D군)의 4가지로 나눠서 위암의 위험을 측정하니, 1대 0.75, 0.71, 0.44라는 결과가 나왔다. 양파를 매일 반 개 이상 먹으면, 위암 발생률은 반

이하로 떨어진다. 게다가 파나 마늘에는 이런 작용은 확인 된 바 없다.

말하자면, 위의 초입부에 붙어있는 분문부(噴門部))에 발생하는 분문암과 위암의 4분의 3을 차지하는 분문부 이외의 암(위벽, 유문 등)으로 나뉘어 검토되었다. 분문부 이외의 암의 경우에는 앞의 4개의 군 (A~D군) 1대 0.54, 0.54, 0.31과 같이 현저히 낮은 수치를 보이고 있으나, 분문암에서는 똑 같은 예방효과를 얻을 수 없었다.

분문부 이외의 암에서는 독립된 큰 위험요소의 하나로서, 제8장에서 서술할 헬리코박터 피로리라고 하는 균을 들 수 있다. 이 균은 만성위염, 위궤양, 십이지장 궤양의 원인으로서, 위암발생에도 연관이 돼 있는 것이다. 양파의 위암에 대한 예방효과는 유기 황화합물의 살균작용, 더불어 항암작용, 플라보노이드의 케르세틴의 항산화작용(발암억제작용) 등이 작용할 가능성이 있다(그림7).

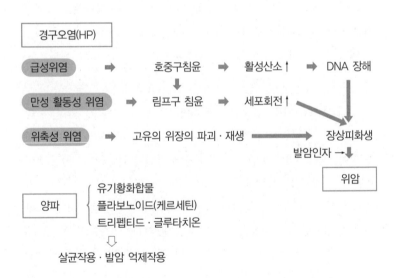

[그림7] 헬리코박터, 필로리균과 위암

이 네덜란드 논문은 영국의 유명한 의학잡지 '랜세트'의 편집자가 1996년에 발표한 논문 중에 가장 우수한 논문으로 칭찬하고 있다. 그래서 다음 해인 1997년에는 미국 임상 소화병 잡지 중에 엘대학의 가파디아 박사가 이 네덜란드 연구보고를 인용해 파나 마늘이 아닌 양파를 먹는 것이 위암의 공포로부터 자기 몸을 지키는 방법이라고 하고, 의사가 가장 경원시 했던 음식으로서 몇 세기 동안 민간요법의 영역을 벗어난 적이 없는 양파가 사과를 대체해 최고의 자리에 오르게 됐다고 서술하고 있다.

⑧ 중국 얀스 암 연구소의 보고(1999년)

얀스 지방은 중국에서 가장 암의 위험도가 높은 지역의 하나로 특히 식도암, 위암이 많다고 한다. 그러나 이 지역의 북부(피즈하우 지구)에서는 암 발생은 극히 낮고 많은 파과에 속하는 야채를 먹고 있다는 것이 판명되었다. 또 다른 생 야채, 과일, 콩 등 이른바 항암성의 음식도 많이 먹고 있다. 이와 같은 배경을 바탕으로 식사 중의 양파에 속하는 음식과 식도암, 위암과의 관계를 얀스에서 조사해 보았다. 증상 예는 식도암 81명, 위암 153명 컨트롤 무리 234명이다.

결과는 양파, 마늘, 파, 중국 차이브 등의 파에 속하는 것, 생야채, 차, 등의 섭취량이 많으면 식도암, 위암 양쪽의 위험도가 저하되는 것이 판명되었다. 요컨대 파에 속하는 야채를 월 1회 이하 섭취, 1~3회 주 1회 섭취하는 3군으로 나누면 상대 위험도는 양파로 1, 0.51, 0.17이었다. 마늘의 경우는 1, 0.40, 0.31, 파는 1, 0.47, 0.40으로 모두 예방 효과가 인정되었는데, 양파의 예방 효과가 가장 강하다는 것이 판명되었다.

이상과 같이 많은 조사결과로부터, 양파를 먹으면 위암에 잘 걸리지 않는다는 게 밝혀졌다. 양에 대해서는 하루 반 개 이상이 가장 좋다. 일본인의 체형에는 이보다 적은 양으로도 충분한 효과를 기대할 수 있고, 반드시 날것이 아니라 익혀 먹어도 효과는 거의 차이가 없는 것으로 보인다.

5

대장암에도 현저한 예방효과

대장암은 폐암 등과 함께 최근 국내에서 급증하고 있는 암으로서 고기나 유제품 등 동물성 식품을 많이 섭취하는 것이 원인으로 여겨진다. 반대로 야채나 과일은 대장암의 예방에 좋다는 보고가 많은데, 야채 중에서도 특히 양파, 마늘, 파 등이 우수한 예방효과를 보여준다는 연구보고(역학조사)가 있다.

① 프랑스 암연구국제본부의 보고(1988년)

결장암 환자 453명, 컨트롤군(비교대조군) 2,851명의 벨기에인을 대상으로, 식물 섭취와의 관계에 대해 조사해 왔다. 생야채는 특히 양쪽 암에 확실한 예방작용을 보여주고 있다. 특히 양파의 경우, 전혀 먹지 않는 사람(A군)과 먹는 사람(B군)의 대장암에 걸릴 위험은 결장암은 1대 0.16, 직장암의 경우 1대 0.17이라는 우수한 예방 성적을 보여 주었다.

② 중국 하얼빈 의과대학의 보고(1991년)

대장암 환자 336명(결장암 11명, 직장암 225명), 그 밖의 악성종양이 없는 일반 환자 336명을 대상으로 식사의 평균 섭취빈도와 한번 식사에 섭취하는 양을 검토했다. 모든 신선한 야채(양파, 토마토, 당근, 가지, 무 등)의 1년간 섭취량으로 193킬로 이상(A군), 75.5~193

킬로(B군), 75킬로 이하(C군)로 나누었는데 대장암에 걸리는 위험은 1 대 1.64 대 5.50으로 신선한 야채를 많이 먹으면 대장암 예방효과가 탁월함을 보여주었다. 음주는 대장암이나 남자의 직장암 발생에 있어 큰 위험요소가 된다는 결과를 얻었다.

③ 아르헨티나, 라브라타 국제대학의 보고(1992년)

10개 주요병원의 110명의 결장(대장)암 환자와 연령과 성을 가리지 않은 220명의 컨트롤군을 대상으로 5년간에 걸쳐 140종의 음식물 섭취현황을 조사했다. 계란과 치즈의 섭취량이 증가하면 대장암 위험이 증가했고, 야채, 생선, 치킨 등을 최고로 많이 섭취했을 때 0.075, 0.39, 0.39 정도의 예방 효과가 인정되었다. 양파, 마늘과 관련해서는 한 달에 1~3회(A군), 주 1~2회(B군), 주 3~5회(C군)으로 나누면 대장암이 걸릴 확률은1, 0.42, 0.22로 양파나 마늘을 많이 먹는 쪽이 대장암에 걸릴 위험이 현저히 낮다는 결과가 나왔다.

④ 미국 미네소타대학의 보고(1993년)

오스트레일리아 남오스트레일리아주의 주도(州都) 아드레드에서 30세부터 74세까지의 오스트레일리아인 220명의 결장(대장)암 환자와 438명의 연령, 성을 조합한 컨트롤군을 대상으로 141종의 음식물 섭취빈도 질문을 집계했다. 남녀로 나눠, 15종의 야채, 과일 섭취를 상세하게 검토한 결과, 남성은 양파, 녹색야채, 완두콩, 당근, 양배추를, 여성은 양파, 완두콩을 많이 먹는 사람이 암 발생위험이 적었다.

양파의 섭취량을 남녀별로 4개 군으로 나누면 남성은 한 주에 반 개 이하(A군)와 주당 3개 이상(D군) 먹는 사람의 대장암 상대위험도는 1대 0.86이었고, 여성은 0개(A군)과 주당 2.6개 이상(D군)의 상대위험도는 1대 0.4로 역시 양파를 많이 먹는 사람 쪽이 위험도가 낮아진다는 결과가 나왔다. 여성의 경우가 예방효과가 높은 것은 여성의 대장암 발생은 젊은 층에 많았다. 또 근위결장암이 많았고, 대장의 PH(산, 알칼리정도를 표시하는 수소이온 지수)가 높았다. 변이 머무르는 시간이 길고, 담즙성분이 달라지는 것(성 호르몬과 관계) 등과 관계가 있다는 추측이다.

양파의 대장암 부위별 (근위 결장암, 원위 결장암) 검토에서는 남녀 모두 근위 결장암 쪽이 상대위험도가 낮게 된다는 결과가 나왔다 (그림8).

양파의 유효성은 황을 함유한 성분(특히 디아릴술파이드, 아릴메틸오리술파이드)이 발암물질의 해독요소를 유도해서, 소화관내 세균이 초산염을 아초산염 (발암물질)로 전환시키는 것을 감소시키는 작용을 하는 것으로 보인다.

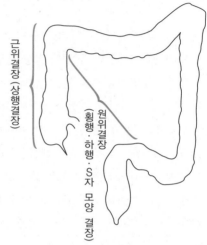

근위결장 (상행결장)

원위결장 (횡행·하행·S자 모양 결장)

[그림8] 근위, 원위 결장

⑤ 네덜란드 린부르그대학의 보고(1996년)

55세에서 69세 까지 12만 852명의 네덜란드인에게 150 항목의 식물섭취상황을 질문해, 3.3년간 조사한 결과이다. 그 가운데 결장암 환자 299명, 직장암 환자는 150명이 발견되었다. 식사 데이터를 무작위로 뽑은 가운데, 이용 가능했던 사람은 남자 1525명, 여자 1598명이었다. 다변량 해석에 의해 양파섭취가 가장 많은 군(1일 반 개 이상, D군)과 가장 적은 군(1일 0개, A군)의 대장암 상대위험도는 남성 결장암은 1대 0.87, 남성 직장암 1대 0.66이었다. 여성에게는 직장암 상대위험도가 양파 4분의 1개 이하(B군)에서 보다 낮은 숫자였으나, 통계적으로 의미가 있는 정도의 예방효과라고는 말할 수 없는 정도이다.

부위별로는 원위 결장암보다는 근위 결장암 환자 쪽이 1.49대 0.93 정도로 위험이 낮아지는 결과를 얻었다. 마늘이나 파도 상대위험도에서는 예방효과를 얻지 못했다.

이 연구에서는 결론적으로 양파, 마늘, 파의 섭취는 남녀 모두 대장암 발생 예방에 효과가 없다는 결론이다. 그러나 그 외의 많은 연구에서는 양파를 많이 먹을 경우 대장암 발생 위험이 현저히 줄어들어, 양파가 대장암 예방에 효과가 있다는 다른 결과를 보여주고 있다.

6
기타 암에 대한 예방효과

• 유방암

① 스위스 보디아 중앙병원대학의 보고(1993년)

32세부터 75세(평균 54세)의 107명의 유방암 환자들과 컨트롤군(비교대조군) 318명(30~75세, 평균 55세)의 여성환자를 대상으로 50종의 음식에 대해 검토했다. 유방암 위험이 높은 것은 고칼로리, 동물성 지방, 알코올, 반대로 위험이 낮은 것은 녹색야채, 오이, 양파, 배, 즉 베타 카로틴이었다. 양파의 경우 거의 먹지 않음(A군), 가끔 먹음(B군), 많이 먹음(C군), 셋으로 나눠 유방암 상대위험도를 따지니 1대 0.3대 0.4로 양파를 먹는 쪽이 상대적으로 유방암 발생 위험이 낮다는 결과가 나왔다.

② 네덜란드 린부르그대학의 보고(1995년)

12만 852명의 네덜란드인을 대상으로 3.3년간 추적해 조사해서 469명의 유방암 여성과 1713의 무작위로 뽑은 대조군과 대조하기 위해 양파, 파, 마늘을 섭취여부를 검토했다. 양파를 안 먹는 사람(A군), 하루 4분의 1개 정도 먹는 사람(B군), 4분의 1개~2분의 1개 먹는 사람(C군), 2분의 1개 이상 먹는 사람(D군)으로 나눈 상대 위험도는 1대 1.0대 0.87대 0.95로 예방효과가 없다고 하고 있다.

암도 이기는 묘약, 양파

역시, 최대섭취군(D군)과 최소섭취군(A군)의 상대위험도는 파에서는 1대 1.08, 마늘은 1대 0.87로 어느 쪽도 유방암 발생과 관련이 있다고 인정할 수 없었다.

③ 프랑스 매쉬병원의 보고(1998년)

30세부터 78세의 여성을 대상으로 조직학적 진단을 거친 345명의 유방암 환자와 연령과 사회경제상황을 고루 섞어 뽑은 대조군 345명에 대해 섭취 음식을 조사했다. 결과는 식물섬유, 마늘, 양파의 섭취가 늘어날 때, 유방암 위험이 현저히 내려갔다. 마늘과 양파를 주당 몇 차례 먹는가에 의해 5단계로 나누면 상대위험도는 1대 0.52, 0.25, 0.40, 0.30 이었다.

• 폐암

폐암에 관한 카로티노이드의 예방효과에 대한 보고가 많아서, 매우 확실한 것 같으나, 다른 음식이나 영양분에 관한 검토는 없는 것 같다.

① 인도 지역암센터의 보고(1994년)

이곳의 토리반도움의 암센터에서는 281명의 남성 폐암환자와 컨트롤군 1207명을 대상으로 섭취식품을 조사해, 녹색야채, 바나나, 호박, 양파, 울금 등이 폐암의 발병을 예방하는 효과가 있다는 결론을 얻었다. 매일 먹지않는 군(A군)과 매일 먹는 군(B군)에 대해 양파는 1대 0.03, 녹색야채는 1대 0.37, 바나나는 1대 0.39, 고지는 1대 0.14, 울금은 1대 0.05로 양파와 울금이 최고로 예방효과가 높다는 결론이다. 양파와 다른 음식을 조합해 먹을 경우, 상대위험도는 단품만 먹을 때보다 현저하게 내려갔다.

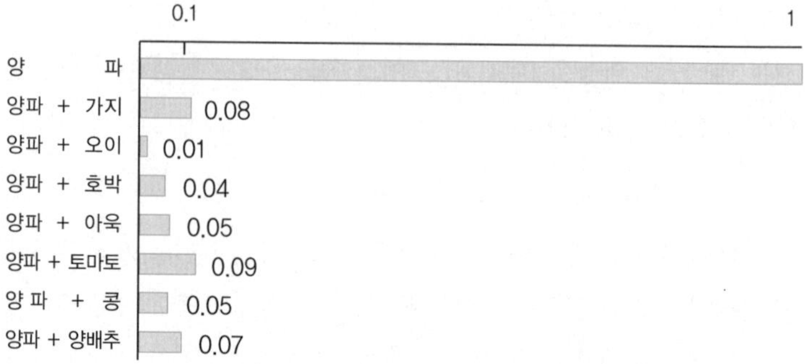

양 파	
양파 + 가지	0.08
양파 + 오이	0.01
양파 + 호박	0.04
양파 + 아욱	0.05
양파 + 토마토	0.09
양파 + 콩	0.05
양파 + 양배추	0.07

[그림9] 양파와 각종야채와의 조합에 의한 상대 위험도 변화

② 네덜란드 린부르그대학의 보고(1994년)

55세부터 69세의 3.3년 동안의 추적조사(남녀 약 12만명)로부터 484명의 폐암환자와 무작위로 추출한 컨트롤군 3123명을 대상으로 양파, 파, 마늘의 섭취량을 검토했다. 양파를 전혀 먹지 않는 사람(A군), 하루에 4분의 1 이하 먹는 사람(B군), 4분의 1개에서 2분의 1개 먹는 사람(C군), 2분의 1개 이상 먹는 사람(D군)의 폐암 위험도는 1대 1.91대 1.25대 0.80로 유의미한 차이를 얻지 못했다.

다만 폐암의 조직별 검토에서는 선암, 소세포암에서는 A군(최소섭취군)과 D군(최대섭취군)의 상대위험도가 1대 0.57, 1대 0.59로 예방효과가 있었다. 그러나 편평상피암, 대세포암에서는 예방효과를 얻지 못했다. 파, 마늘은 폐암의 예방에 상관이 없었다.

• 식도암

중국 얀스연구소와 일본 愛知(애지)암센터의 공동연구보고(1999년)에서는 파에 속하는 야채가 식도암, 위암에 예방효과가 있다는 것을 증명하고 있다. 이 얀스지방은 중국에서 최고로 암 위험도가 높은 지역의 하나로서 특히 위암, 식도암이 많기로 유명하다. 그러나 이 지역 중 북부의 피즈하우지구에서는 거꾸로 암 발생이 극도로 낮다. 이 지구에서는 생파에 속하는 식물을 많이 먹고, 남부에서는 거의 먹지 않는다는 사실이 밝혀졌다. 그래서 파속의 음식과 위암, 식도암의 관계를 조사하게 되었다.

위암에 대해서는 본 페이지 '양파를 많이 먹으면 위암의 위험이 적어집니다'의 부분에 이미 자세히 서술했다. 병의 예는 식도암 81명, 위암 153명, 컨트롤군 234명에 대해 식습관, 파에 속하는 음식 섭취빈도, 다른 식품의 섭취빈도, 차, 알코올, 흡연 등에 대해 조사하고 있다. 파에 속하는 식물에 대해서는 마늘, 양파, 파, 중국 챠이브 등이 있다. 두 암의 위험을 낮춰주는(역상관이 있는)음식은 이상의 파에 속하는 식물과 생야채, 토마토, 차 등이었다.

월 1회 이하 밖에 섭취하지 않는 사람(A군)과 주 1회 이상 섭취한 사람(C군)의 식도암 상대위험도는 양파에 대해서는 1대 0.25, 마늘에 대해서는 1대 0.30, 파에 대해서는 1대 0.15, 중국 챠이브에 대해서는 1 대 0.57이었다. 전술한 바와 같이 양파가 위암에 좋다는데 그치지 않고 양파를 포함한 파에 속하는 야채는 식도암에 예방효과가 있다고 말할 수 있다. 식도암의 발생에 있어, 니트로소아민이 발암물질로서 큰 역할을 하고 있다는 것은 역학적으로 증명되고 있다. 위에 세균이 모이면 초산염이 감소해서 니트로소 화합물이 형성되나, 위액중에 니트로소아민 많아지면 식도의 상피병변이 생기고(정비례) 생체에 닿는 니트로소아민의 양(폭로량)이 많아질수록, 식도암에 의한 사망률도 높아진다는 (정비례) 것이 입증되어 있다. 파에 속하는 식물의 식도암에 대한 예방효과는 그 항균작용보다는 위내 세균의 성장을 억제, N-니트로소 화합물의 생산을 감소시키고 있는 가능성이 생각될 수 있다. 사실 양파나 마늘의 추출물은 니트로소아민 형성이나 그 생물활성을 현저히 약화시킨다는 것이 인정되고 있다. 양파의 항균작용은 뒤에 서술한다.

7
암 예방에 효과가 있는 양파성분

양파나 마늘 등 파에 속하는 식물은 오랫동안 주요한 음식이 되어 왔지만 암 억제작용이 있다는 것이 밝혀진 것은 최근이다. 북구나 북아메리카에서는 대장암과 유방암 위험이 낮아지고 있지만 이들 나라에서 일반인의 암 위험이 낮아지는 것은 파에 속하는 음식 섭취에 어느 정도의 예방효과가 있는 것 때문은 아니라는 연구가 있다. 순화한 유기유황성분에 의한 암 예방 활성연구로부터 유기유황성분에 발암대사나 해독을 강력히 조절하는 작용이 있다는 것이 확실해 졌다.

양파나 마늘에는 신선한 추출물이나 휘발성분 2차용액 성분 등으로부터 암예방을 활성시키는 본질적인 성분군이 분석돼 있다.

미국의 디온(1997년) 등은 간장의 발암물질 NMOR(N- 니트로소모르핀)의 산출에 대해서의 파에 속하는 식물의

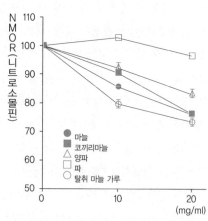

[그림10] NMOR 생산에 대한 마늘, 양파, 파
추출물의 작용   (Dion ME et al. 1997)

효과를 비교 검토해, 양파나 마늘에 그런 형성억제 효과가 있음을 인정하고 있다. 각종 성분의 효과를 검토해(그림10), SAC(S- 아릴시스틴), SPC(S-프로필시스틴), 특히 시스틴의 작용이 강력하다는 보고가 있다(그림11).

미국의 세노이와 쵸프리(1993년)도 시스틴, 시스친, 글루타치온 등은 필로리진, 피펠리진, 모르핀 등의 니트로조화를 억제하고 양파나 마늘 주스가 이와 같은 발암물질 니트로소아민형성을 감소시키는 데 효과가 있다고 밝히고 있다. 양파의 함유화합물과 암예방에 대한 관계에는 더 많은 연구가 필요하나, 앞에 서술한 바와 같이, 암 적어도 소화기계(식도, 위, 대장) 암의 예방에 효과가 충분히 기대된다고 할 수 있다.

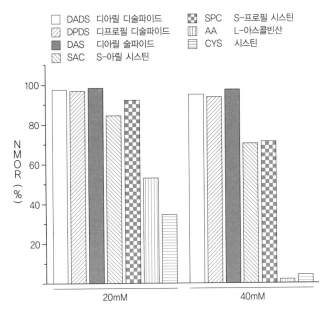

[그림11] 시험관(인비트로)에서의 NMOR(N-니트로몰핀) 생산에 대한 각종 성분효과
(Dion ME et al. 1997)

[표10] 케르세틴의 항암작용

1. 해독효소 활성의 조사에 의한 발암물질 대사활성 억제 … 소마와 말레타(1985),
시스라(1995)

2. 발암물질과 불활성 복합체를 형성 … 판크라(1983)

3. 종양발생에 많은 염증 억제 … 피샬(1982)

4. 면역반응자극 … 마켈디라(1986), 安川(안천)(1990) 등

제8장에서 '양파에는 항염증작용, 살균작용, 항바이러스작용도
있다'에 서술하겠지만, 마늘은 위암의 발생에 밀접한 필로리균을 저농
도로 살균하는 효과를 갖고 있다. 양파에도 같은 작용이 있어서, 그것
이 위암 예방에 일익을 담당한다고 생각할 수 있다.

미네랄의 일종인 세렌(Se)이 풍부한 토양에서, 마늘이나 양파를
기르는 방법을, 미국의코넬대학의 클레멘트와 도널드(1994년)가 발표
했다. 세렌이 많은 식물은, 동물종양 모델에서 발암 억제작용이 있다
고 한다. 식물에 있어서 세렌은 여기저기에 유황화합물의 유사성을 가
진 것으로 알려져 있다. 세렌이 풍부한 마늘은 쥐 실험 모델에서, 유방
암 예방효과가 인정되고 있고, 재배에 의해 세렌이 강화된 마늘이나
양파는 식물형태로서 암 예방에 역할을 할 것이 기대되고 있다.

양파 중의 플라보노이드의 케르세틴도 암 예방에 중요한 성분의
하나이다. 일찌기, 고사리의 발암작용은 두개의 주요한 플라보노이드
인 즉 케르세틴과 캠프페롤가 주요한 원인으로 의심받고 있다. 사이토
(1987년) 등과 다른 그룹은 동물을 이용해 3개의 대규모 장기실험을
통해, 식사중 0.1~10% 양의 케르세틴, 또한 그 글리코시드의 루틴을
첨가해, 마우스(큰 쥐), 랫(작은 쥐), 햄스터에게 투여했지만, 발암성은
인정되지 않았다.

미국실험생물학조직연맹(FASEB)에서도, 음식중의 플라보노이드로 돌연변이성이 있는지를 검토 중이다. 마우스, 랫, 햄스터에게는 케르세틴 0.2~10%를 넣은 식사를 준 17개의 연구를 했지만, 발병이 전혀 없었다.

나중에 고사리의 발암 활성화성분은 프타키로시드라는 플라보노이드와는 다른 물질이라는 것이 밝혀졌다. 미국의 환경건강과학국제연구소의 타닉과 헤이리(1992년) 등의 장기 독성연구 성적에서도, 식사중 4%까지의 케르세틴 양에는 최대투여군에서 2년 후에 체중감소, 신뇨세관상피의 양성종양을 발견했을 뿐이다.

이래로, 플라보노이드에는 아주 중요한 항암작용이 있는 것으로 인정되게 되었다.

케르세틴의 항암작용을 요약하면, 표10과 같은 일련의 기제에 의하는 것으로 생각될 수 있다. 모두 시험관에서의 연구결과이지만, 동물

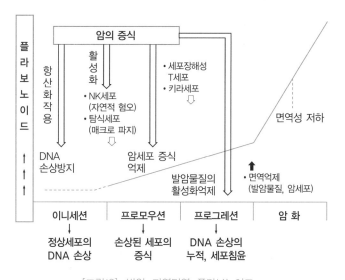

[그림12] 발암, 자연면역, 플라보노이드

실험에서도 확인되고 있다. 위스콘신 임상암센터대학의 벨마(1988년) 등, 뉴욕의 메모리얼 슬론케터링 암센터의 디주너(1991년) 등은 식사 중에 케르세틴을 넣어서 암 발생을 억제했다고 보고하고 있으나, 전자는 유방선 종양의 이니세션(초기단계), 프로모우션(증식단계)를 모두 억제하고, 후자는 대장 종양의 프로모우션을 억제했다는 것을 입증하고 있다.

사람의 암세포에 대한 케르세틴의 치료효과도 많이 연구되고 있어서, 암세포에 대한 성장억제작용이 입증되고 있다.

케르세틴을 시작으로 한 플라보노이드는 그림12같이 3단계의 암 발생 증식과정에서 암의 억제, 방지작용을 하고있다. 즉

① 이니세션(초기단계)

정상세포의 DNA가 활성산소에 의해 손상을 받은 단계로, 플라보노이드는 강력한 항산화 작용에 의해 이를 막는다.

② 프로모우션(증식단계)

DNA의 손상을 받은 세포가 증식하는 단계로, 플라보노이드는 NK(내츄럴 키라이)세포나 탐식세포(매크로파지) 등의 면역세포를 활성화한다. 더더욱 직접 암세포의 증식을 억제한다.

③ 프로그레션(악성화단계)

암세포가 정상조직으로 침투해 가는 단계로 플라보노이드는 암물질의 활성화를 억제해서 진행을 막는다.

이상과 같이, 암을 예방하는 양파의 유효성분의 본체는 유황화합물과 케르세틴 두 가지로 생각할 수 있다.

최근 양파의 당 성분은 발암의 방아쇠가 되는 변이의 유발원인을 억제한다는 보고도 있다. 햄버거는 쇠고기를 가열해 요리하지만, 그

사이에아미노산이 당화하는 메이라드 반응에서 오는 헤테로사이클릭 같은 돌연변이 유발물질이 생긴다고 한다. 그러나 여기에 양파를 넣으면 이 유발물질이 감소하는 것을 동경약과대학의 가토오(1998년) 등이 입증했다. 이 작용은 함유화합물이나 플라보노이드에 같은 물질만이 아니라, 양파를 첨가한 곳에는 쇠고기 중의 당의 양이 증가한다고 한다. 어쨌든, 일본식 햄버거는 안전하다고 생각할 수 있다.

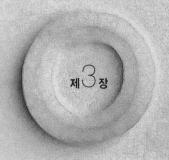

양파는 혈액을 맑게 하고
혈전을 예방한다

1

서구화된 식생활로 허혈성 질환(심근경색, 협심증, 뇌경색)이 늘었다

　한국과 일본에서는 2차대전 이후, 식사의 스타일이 급격히 서구화 하면서 쌀의 소비가 줄고, 고기, 우유, 유제품 등의 동물성 식품을 많이 먹게 되었다. 그 결과 동물성 단백질과 동물성 지방의 섭취가 크게 늘고, 한편으로는 대두 등 식물성 단백질의 섭취가 줄고 있다. 더더욱, 과식과 운동부족이 더해져, 비만한 사람이 늘고 있다. 이런 서구형 식생활은 고지혈증, 고혈압이나 동맥경화를 불러 온다.

　최근 뇌혈관 질환에 의한 사망률은, 뇌출혈은 감소하는 경향이 있으나, 뇌경색(뇌혈전, 뇌색전)은 최근 증가일로에 있다. 심근경색에 의한 사망도 1995년경보다 약 두 배 가량 늘고 있다. 동맥경화라는 것은 비교적 두꺼운 동맥에 콜레스테롤 등 지방질이 침착해 종기(아테롬)를 형성해서, 동맥벽이 두터워지거나 딱딱해 져서 혈관내의 공간이 좁아지는 상태를 말한다. 혈관 내 공간이 75% 이상 좁아질 때까지는 혈류는 변하지 않기 때문에, 증상은 발생하지 않는다. '침묵의 질병'이라고 불리우는 이유이다. 그런데, 75%를 넘어서 혈류량이 감소하면, 허혈(혈액이 충분히 흐르지 못하는 현상) 상태가 된다. 그 결과로 장기나 조직으로의 영양이나 산소 공급이 나빠지게 된다. 동맥경화에 의한 허혈상태가 심장 혈관(관상 동맥)에 일어나면 협심증, 특히 아테

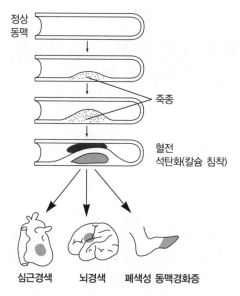

정상
동맥

죽종

혈전
석탄화(칼슘 침착)

심근경색　　뇌경색　　폐색성 동맥경화증

[그림1] 동맥경화에 의해 생기는 질병

롬이 붕괴돼 혈전이 가능해져, 혈액의 응고성의 변화로 동맥벽에 혈전이 생긴다. 혈관이 완전히 막히면 심근경색(심근의 붕괴)이 된다. 뇌의 혈관에 동맥경화가 일어나면 뇌 허혈발작(마비, 저림, 근력 저하 등의 운동 감각 장해, 시력 장해 등)이 일과성으로 일어나고, 계속 진행되어 완전히 폐색되면 뇌경색(뇌조직의 괴사)를 불러 온다. 사지, 특히 하체의 동맥경화가 진행되면 혈류장해의 결과, 냉감, 저림, 동통, 특히 동맥폐색에 의한 괴사(손가락 끝의 부패)가 온다(그림1).

　　한편으론, 대동맥에서는 동맥벽의 탄력성을 동맥경화에 의해 잃게 되어, 주머니 형태로 부풀어 오르고(동맥혹), 결국에는 파열된다. 뇌동맥도 똑같이, 동맥벽의 탄력성이 저하돼 파열되어, 뇌출혈을 불러 온다.

2
허혈성 질환의 위험인자
(혈전, 고지혈증, 고혈압, 동맥경화)

허혈성 질환의 원인이 되는 동맥경화는 고지혈증, 고혈압, 흡연의 3대 위험인자에 의해 일어나는 것으로 얘기되고 있으나, 다른 위험인자인 당뇨병, 비만, 스트레스, 운동부족이 거론되고 있는데, 이런 위험인자가 더 커져서 동맥경화를 발생시키는 위험성이 높아지고 있다 (그림2). 그래서 '침묵의 질병' (무증상)인 동맥경화를 막기 위해서는 주로 식사를 중심으로 위험인자를 하나라도 줄이는 게 중요하다.

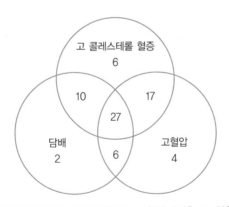

(40대의 위험인자인 사람의 허혈성 심질환의 발병을 1로 했을 때)

[그림2] 동맥경화의 위험인자와 허혈성 심질환의 위험도

고혈압과 동맥경화의 관계는 고혈압 자체가 동맥경화를 진전시킨다. 고혈압은 혈관벽에 높은 압력을 계속 주어서 혈관 안쪽이 상해를 입어, 혈관 내피에 리포 단백질, 단구, 매크로 파지 등이 들어가 거품을 일으켜 아테롬이 형성되는 까닭이다.

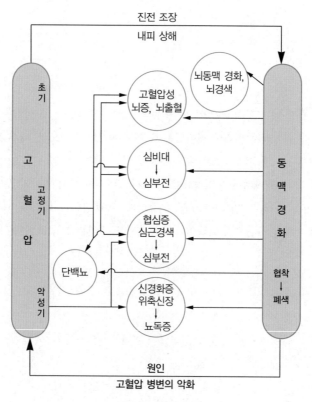

[그림3] 고혈압과 동맥경화

역으로 동맥경화는 혈관 내 공간의 협착보다 고혈압의 주원인이 되어 고혈압에 의한 각종 병변을 악화시킨다(그림3). 주요한 고혈압

병변으로는 뇌병변(고혈압성 뇌증, 뇌출혈)과 심병변(심비대→심부전, 협심증, 심근경색) 등이 있고, 고혈압의 악화와 신장의 세동맥의 동맥경화는 신장경화증, 신장 위축을 초래해, 신장기능의 저하(요독증)를 가져와, 인공투석이나 신장이식이 필요하게 된다. 그래서 혈압을 내리는 일은 역학적으로 증명돼 있는 것처럼 심혈관계 질환에 의한 사망을 감소시키는 것만이 아니라, 심혈관계 질환 이외의 질병의 예상, 진전 방지에도 매우 중요하다.

고지혈증과 동맥경화의 관계에 대해 말하자면, 혈청 중의 콜레스테롤, 중성지방(트라이글리세라이드) 등의 높은 고지혈증은 동맥경화를 부르는 최고의 위험인자가 된다. 전후의 일본인의 허혈성 심질환의 증가는 전술한 구미형 식생활에 의한 고지혈증의 증가와 밀접한 관계가 있다. 그러나 콜레스테롤이나 중성지방이 많다고, 반드시 동맥경화가 일어나는 것은 아니다. 콜레스테롤이라는 것이 동맥경화를 부르는 것이 아니기 때문이다. 콜레스테롤은 지질이기 때문에 혈액 중에는 리포단백질 중에 존재하고 있다.

콜레스테롤을 포함하는 리포 단백질에는

· 나쁜 리포단백질(LDL)
· 좋은 리포단백질(HDL)이

있는데, 동맥경화를 일으키는 나쁜 리포단백질은 LDL이다. HDL은 동맥경화를 막는 좋은 단백질이다. 그래서 LDL을 감소시키고, HDL을 증가시키는 것은 심혈관병의 예방에 중요하다고 여겨지고 있다. 그러나, LDL 그 자체가 동맥경화를 불러 오는 것이 아니라, 활성산소(산화 스트레스)에 의해 변화하는 산화변성 LDL이 문제가 되는 것이다.

고중성지방(트라이클리세라이드)혈증은 최근의 많은 연구에 의

하면, 혈액 중에 여러 이상현상을 불러와, 동맥경화나 심질환을 촉진할 가능성이 있다. 그런 것들을 인정하면, 다음과 같이 된다.

① 리포단백질의 질적인 변화가 일어난다

소형 고비중 LDL은 중간산물로 만들어지나, 이것은 콜레스테롤을 높여, 동맥경화를 촉진하는 리포 단백질이라고 생각할 수 있다.

② 식후의 고지혈증을 지속적으로 악화시킨다

죽 같은 경화작용이 있는 카이로미크론렘넌트라고 하는 물질이 증가해, 오랜 시간 혈중에 남아 있다.

③ 혈액이 굳어지거나 짙어진다(응고선용계의 이상을 가져온다)

심근경색의 발병 시는 파라스미노렌아크티베타인히비터(PAI)가 높은 수치를 얻게 되나, 고중성지방 혈증의 경우에도 높아진다. PAI는 혈액을 딱딱하게 하기 쉬운 물질로, 결국 혈전경향을 촉진하는 물질이다.

④ 좋은 HDL 콜레스테롤 수치를 낮춘다

혈청 중의 중성지방이 증가하면, HDL 콜레스테롤 수치가 낮아지는(부의 상관관계) 경향이 보인다. HDL 콜레스테롤은 동맥경화를 예방하는 인자로서, 최근의 역학조사에서는 고중성지방, 저 HDL증후군은 관상동맥질환(협심증, 심근경색)의 중요한 위험요소라는 결론에 이르고 있다.

혈전과 고지혈증의 관계는, 고지혈증에는 심근경색, 뇌경색, 말초동맥혈전증 등으로 대표되는 혈전증을 동반해 발생할 빈도가 높게 된다는 것이다. 많은 경우 동맥경화가 기반이 되는 것으로 알려져 있으나, 동시에 응고활성항진상태(혈액이 쉽게 굳는 상태)에 있어서, 고지혈증의 경우에는 혈전경향이 조장된다. 그 순서는 다음과 같다.

① 동맥경화와 함께는 아니나, 혈관내피의 항혈전 작용이 저하된다.

② 고지혈증은 혈액중의 응고활성(혈액을 딱딱하게 하는)인자의 생산, 활성화에 영향을 준다.

치료에 의해 고지혈증이 개선되면, 응고활성(혈액이 딱딱하게 굳는 상태)는 시정된다. 그러나 혈액응고에 관계된 또 하나의 효소의 선용(선유를 녹여서 혈액을 흐르기 쉽게 하는) 억제상태는 시정되지 않는다. 이 경우 고PAI혈증의 개선에는 비만의 개선이 필요하다고 여겨진다.

고지혈증의 경우에는, 고지혈증을 개선하는 것만으로는 안 되고, 항혈전 작용도 고려한 치료가 필요하다. 그런 의미에서 뒤에 서술하는 것처럼 특별히 적어야 할 점은 양파에는 양자를 개선하는 작용이 있다는 것이다.

3
혈전은 어떻게 생기는가?

• 혈액이 응고되는(응고계의) 구조

심근경색이나 뇌경색 등의 허혈성 질환의 발단이 되는 원인은 동맥경화이지만, 직접적으로는 동맥경화로 좁아진 혈관이 혈전(혈액의 응고)에 의해 막히는 데서 발병하는 것이다. 그래서, 허혈성 질환을 막는 데는 동맥경화의 예방과 더불어 혈전의 예방을 막는 게 중요하다.

혈관벽에 어느 정도의 장해가 일어날 때, 혈관이 수축하는 것과 함께 장해부위에 혈소판이 점착, 응집하여 혈소판혈전을 만들어 낸다. 이것을 1차 지혈(혈전)이라고 한다. 이 혈소판 혈전의 주위를 견고하게 한 피브린(선유소) 혈전이 덮으면, 지혈전이 완성된다. 이것이 2차 지혈(혈전)이다(그림4). 이 2차 지혈에는, 혈액의 응고계(혈액을 굳게하는 작용)과 선용계(선유소를 녹이는 작용)가 균형을 잘 이루게 한다. 혈관손상에 의해 내피세포 표면에 노출된 조직인자(조직 트롬보플라스틴)이 혈액과 접촉해, 제7인자(VII)와 결합해서 결합체를 만든다. 그것에 의해 제10인자(X)가 활성화 돼(Xa), Xa인자가 프로토로빈트론빈으로 변환돼, 피브리노겐으로부터 피브린의 생성을 촉진시킨다. 이 과정의 트론빈 형성에는 활성화된 혈소판의 인지질이 작용한다.

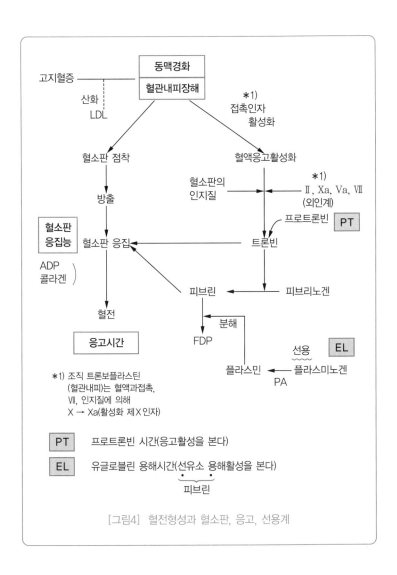

[그림4] 혈전형성과 혈소판, 응고, 선용계

    이상과 같이 복잡한 과정을 거쳐, 응집덩어리를 형성한 혈소판은 중합화한 피브리노겐과 반응해, 응집덩어리가 피브린망에 말려들어가, 2차 혈전이라고 하는 딱딱한 혈전이 만들어 진다.

• 혈액을 맑게 해주는[선용(線溶)계의] 구조

혈액응고과정은 지나치게 진행되는 일은 없다. 혈액을 응고시키는 작업에 대해서는 이것을 억제하는 작용(혈액응고 제어계)이 존재하는 까닭이다. 혈액을 응고시키는 피브린이 형성될 때, 그것이 지나치게 하지 않는 것처럼, 계속된 선용반응(선유소를 용해하는 반응)이 일어난다. 이 반응의 중심은 활성화 되지 않은 단백플라스미노겐으로부터 생성된 플라스민이다. 플라스민은 세린프로테아제라고 하는 효소로, 피브린을 분해하는 외에 선유소의 근원이 되는 피브리노겐도 분해하는 일이 가능하다. 플라스민 생성은 혈액 중에는 거의 볼 수 없고, 형성된 혈전에서 피브린과 결합한 플라스미노겐이 플라스미노겐아티베타(PA)의 작용에 의해 생성된다. 이 선용계에도 선용반응이 지나침을 억제하는 작용(선용제어계)가 존재하고 있다.

이상과 같이 생체는 실은 교묘한 방어기구를 가지고 있어서, 출혈이나 혈전을 일으키지 않게 돼 있다. 그러나 이상의 지혈기구에는 어느 정도의 이상이 일어나면, 출혈경향 또는 역으로 혈전경향이 생긴다.

혈소판과 혈관내피에는 프로스타글란딘(PG)이라고 불리우는 일련의 생리활성물질이 존재해, 혈액의 응고에 관계하고 있다(그림5). 지혈, 혈소판응집이나 혈관수축을 향하는 흐름은 트론복산 A_2, B_2가 작동해, 항혈전, 혈소판 응집 억제, 혈관확장을 향하는 흐름에는 프로스타글란딘 I_2, G케트프로스타글란딘 F_1이 관계해, 상호 균형을 잡아주고 있다. 그러나 전자의 흐름이 강해지는 경우에는 출혈경향을 불러온다.

그래서 양파의 항혈전작용은

· 응고, 선용계에 대한 작용
· 혈소판에 대한 작용

으로 크게 구별해 검토하는 것이 알기 쉽다고 생각한다.

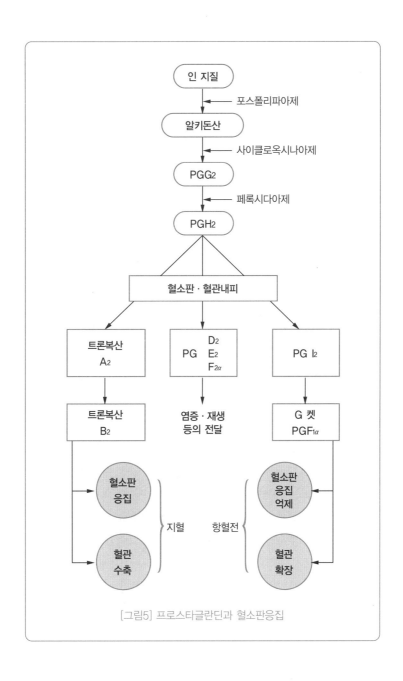

[그림5] 프로스타글란딘과 혈소판응집

4
양파는 혈액을 응고시키는 작용(응고계)을 억제하고 혈액을 맑게 하는 작용(선용계)을 활성화한다

양파와 혈액응고(응고, 선용활성)의 관계에 대해서는 많은 연구가 이루어져, 양파에 혈액응고를 억제하는 현저한 작용이 있음이 보고되고 있다. 그들 연구보고의 많은 것은 고지방식을 섭취시키면 혈액의 응고시간이나 프로트론빈 시간의 단축, 피브리노겐의 증가, 유글로블린 용해시간의 단축 등, 응고계가 항진하고 선용계가 저하돼 혈전경향이 강해지는 상태를 도출하는데, 그것과 비교해 양파를 동시에 섭취토록 할 경우의 변화를 보고 있다.

응고시간이라는 것은 혈액의 활성 트론보플라스틴 형성까지의 시간을 나타낸다. 프로트론빈 시간은 응고계 중에 외인계(제II, VII, X, V인자)를 보는 검사에서, 피브린이 석출할 때까지의 시간을 나타낸다. 유글로블린 용해시간은 용액이 응고해서 용해할 때까지(피브린 용해활성을 보는)의 시간을 나타낸다.(89 페이지, 그림4)

양파를 동시섭취(B, C) 하면, 어느 쪽 검사치도 정상으로 개선되는 경향을 보인다. 결국, 응고시간이나 프로트론빈 시간의 단축의 정상화, 피브리노겐의 정상구역으로의 개선, 유글로블린 시간의 개선을 보고, 양파는 혈액의 응고되지 않고 흐르기 쉽게하는 작용(응고활성의 억제, 선용활성의 항진), 즉 항혈전작용을 갖고 있다고 말할 수 있다.

인도의 굽타(1966년) 등의 보고에서는 20명의 건강한 젊은 남자에게 고지방식을 섭취시켜 4시간 후에 유글로블린 시간이 25% 감소하고, 선용활성의 저하를 볼 수 있었지만, 그 식사에 튀긴 양파 60그램을 첨가해 섭취케 했을 때 24%의 증가를 보였다. 연령이 높은 남자 20명을 대상으로 같은 실험을 해, 고지방식을 섭취시킨 후 2시간, 4시간 후의 유글로블린 시간이 28%, 25% 감소한 것에 대해, 양파 첨가의 경우는 15%, 23% 증가해서, 정상치로 돌아왔다. 결국 양파는 고지방식에 의한 선용활성의 저하를 방지하고 있는 것이다.

영국의 메논(1969년, 70년) 등도 같은 시험을 했는데, 역시 양파의 선용활성 저하방지 작용을 인정케 되었다. 굽타의 보고에서는 튀긴 양파를 사용한 것에 대해, 건조양파를 얇게 썰어 믹서에 갈아 액화 양파를 사용한 점이 다르나, 생이든 조리한 것이든 작용에 영향이 없다는 점은 강조되고 있다.

인도의 제인(1971년) 등도 같은 방법으로, 고지방식, 고지방식+생 양파를 50명의 건강한 성인에게 섭취시켜 동일한 결과를 얻고 있다. 더욱, 25명의 젊은 성인에게는 공복상태에서 100그램의 양파를 섭취시키니, 3시간 후에 선용활성이 증가했다고 보고하고 있다. 이것은 고지방식을 먹지 않고 양파를 섭취해도 선용활성이 항진(항혈전작용)하는 것을 보여준다.

인도의 보르디아(1975년) 등은 10명의 성인남자에게 고지방식과 양파 열매, 양파 생주스와 동시섭취, 양파의 에테르 추출유 동시섭취를 주 4회 시행했으나, 3시간 후의 고지방식에 의한 선용활성의 저하는 어느 경우에도 개선효과를 보였다. 양파 대신 마늘로 대체해도 같은 결과를 얻고 있다.

인도의 오가스티(1975년) 등은 양파의 에테르 추출물, 증류추출

물, 합성 사이클로리인(양파의 함유화합물의 주성분)의 3종류를 고지
방식에 첨가해 비교 검토했으나, 다소의 차이는 있었지만, 어느 경우
에도 선용활성의 저하를 예방하고 있다.

영국의 아갈워루(1977년) 등은 건강한 성인 10명, 협심증이나 심
근경색화잔 8명 등 모두 18명에게 합성된 사이클로아리인 0.25 그램
의 캅셀과 위약(플라세보)으로서 유당(락토오스)을 이용해, 투여 1시간
반 후의 혈액에서 유글로블린 용해시간을 비교하고 있다. 위약과 비교
해 선용활성은 증가했지만 사이클로아리인에는 제6절에서 서술할 혈
소판 응집 억제 작용이 확인되지 않았다.

인도의 사이나니(1978년) 등은 동물실험으로 토끼 42마리에게
콜레스테롤식과 콜레스테롤 + 양파를 비교해서, 인간의 경우와 같은
결론을 얻고 있다. 더욱, 그들은 다음 해인 1979년 역학연구를 실시,
양파, 마늘 등의 파에 속하는 야채를 매주 먹고 있는 사람에겐 최고로
많이 먹고 있는 사람은 가장 높은 선용활성을 보이고, 가장 적게 먹는
사람, 절대 먹지 않는 사람은 선용활성이 낮았다는 보고를 하고 있다.

인도의 아로라(1981년) 등도 건강인, 심근경색환자에게 양파의
기름추출물로 같은 결과를 보고하고 있다.

이상과 같이, 선용계에 대해 양파는 그 활성을 높여준다는 것이
밝혀졌지만, 죽형태의 경화혈관(동맥경화를 일으킨 혈관)에는 혈전형
성을 촉진하는 응고선용계의 상태를 보는 지표의 하나가 혈액의 선용
활성의 저하이다. 반대로, 선용활성이 높아지는 것은 항혈전작용에 좋
다고 할 수 있다.

5
임상 시험에서 확인된
현저한 혈전 예방 효과

응고계와 관련된 양파의 효과에 대해서는 비교적 문헌이 없고, 인도의 메프로트라(1966년) 등의 양파 튀김 첨가 고지방식의 데이터, 같은 퀸드와 보리디아(1975년) 등의 생주스, 에테르추출물 상태의 양파첨가에 의한 응고시간, 프로트론빈 시간, 피브리노겐 수치의 정상화가 인용되고 있다.

거기서 저자는, 양파 농축 건조립(비타 오니온)을 이용해 주로 동맥혈전성 질환 중심으로 응고, 선용계에 대한 작용을 검토해 보았다. 대상으로는 11명(남성 4명, 여성 7명)으로 질환은

· 뇌혈전 4명(1명은 뇌동맥류합병증)
· 협심증, 심근경색 6명
· 말초성, 폐색성 동맥경화 3명
· 당뇨병 9명
· 고혈압 8명이었다.

양파 농축 건조립을 20정(신선한 양파로 치면 40그램 상당)을 매일 복용하고, 투여 전, 투여 후 2개월, 4개월(증례에 의해서는 6개월)의 시점에 다음과 같은 혈전증의 인자가 어느 정도 변화했는지를 측정했다.

① 프로트론빈

② 피브리노겐

③ 플라스미노겐

④ 리포프로틴

　역시, ①, ②는 혈액의 응고경향에 관계해, ①이 연장되고 ②가 감소하면, 혈액은 딱딱하게 덩어리지게 된다. ③, ④는 선유소의 용해와 관련이 있다. ③은 선용계의 최초의 인자이다. ④는 선용계 억제물질로 플라스미노겐의 혈전과의 결합이나 세포와의 결합을 억제해, 플라스민 생산을 저해하는 등 혈전경향을 조장해 선용계에 관여하는 플라스미노겐의 작용을 억제하는 성분(플라스미노겐 액티베이터 인히비터)의 생산을 촉진시켜, 선용활성을 억제한다고 이야기되고 있다. 그래서, ④가 감소하면 혈액은 흐르기 쉽게 된다(선용활성이 항진한다).

　결과는 프로트론빈 시간은 11개 예 중 9개 예가 정상화 없이 연장, 2개 예는 불변으로, 피브리노겐은 10개 예가 감소, 혈액의 응고가 양파에 의해 억제된다는 것이 밝혀졌다(그림6).

　한편 플라스미노겐은 7개 예에서 감소, 1개 예에서 불변, 3개 예는 미미한 증가를 보였으나 전체적으로는 낮아지는 경향을 보였고, 정상치에 머물러 있다. 리포프로틴a는 7개 예가 감소, 4개 예가 불변으로, 전체적으로 보면 저하, 결국 선용경향을 보이고 있다. ③의 플라스미노겐의 저하는 지금까지의 연구보고에서 유글로블린 용해시간의 증가, 가득찬선용(선유소용해)의 항진과 비춰 합쳐보면, 플라스미노겐으로부터 선용반응에 중심 역할을 하는 플라스민으로의 변화가 늘어나게 한다고 생각할 수 있다. 리포프로틴a는 용선계의 억제물질이므로 이 저하는 결과적으로는 용선계의 항진과 연결된다(제4장의 고지혈증 참조).

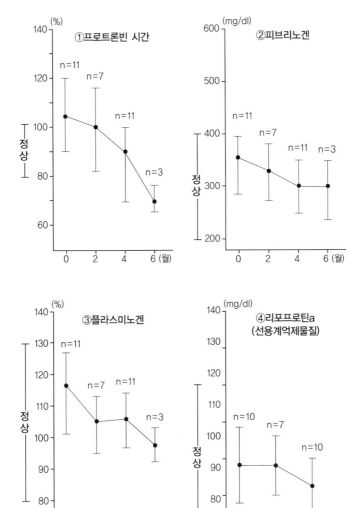

[그림6] 양파(농축건조립)와 응고 · 선용활성

고리포단백질의 증례에 건조마늘을 섭취시킬 경우, 피브리노겐의 감소, 스트레프토키나제 활성화, 플라스미노겐의 감소가 보인다는 보고(하젠베르그 등)가 있다. 오가스티 등은 이 과정은 디술피드 교환반응에 의해, 피브리노겐 분자 사이의 S-S결합이 열려서, 혈액응고가 약해져, 자연의 선용이 일어나기 쉽지않게 된다고 추론하고 있다.

응고, 선용계에 대한 양파의 항혈전작용은, 현재에는 유황에 풍부한 기름 성분, 특히 사이클로아리인에 의한 것에도 있다고 여겨지고, 게다가, 날 것이든 조리한 것이든 그 작용은 변치 않는다고 할 수 있다.

6
혈소판 응집을 억제하는 양파 성분

지방이 많은 식사를 섭취하면, 혈소판 응집이 진행돼, 혈액이 응고되기 쉽게 된다. 영국 퀸 엘리자베스 대학의 바그하스트(1977년) 등은 컨트롤군(비교대조군)으로 저지방식(A), 고지방식(B), 고지방식 + 프라이된 양파 75그램(C) 3개의 군으로 9명의 건강한 성인에게 섭취시켜, 식후의 혈소판 응집기능을 비교했다. 그 결과, A군은 응집기능이 진행, B군은 현저히 진행, C군은 응집기능이 억제(정상화)가 보였다(표2).

영국, 에딘버러 대학의 필립과 포이서(1978년)는 건강한 성인 5명에게 양파 추출물을 섭취시켜도, 똑같이 섭취전과 비교해 혈소판 응집기능은 억제된다고 보고하고 있다.

미국의 매케어(1979년) 등은 유성 크로로오름의 양파 추출물을 카람크로마토그라피로 분리할 경우, 6개 그림 중 마지막 그림에 혈소판 응집을 억제하는 성분의 태반이 있다고 보고하고 있다. 혈소판응집은 건강한 성인의 온전한 혈액으로부터 얻어지는 PRP(혈소판의 많은 혈장)을 이용해, ADP 즉 알키돈을 첨가해 진행되게 된다.

미국의 반데르팍(1980년) 등은 생 양파와 유추출물 양파로 비교하고 있지만, 날것 쪽이 혈소판 응집 억제 작용이 강하다고 보고하고 있다. 더욱 유추출물로 양파와 마늘을 비교했을 때, 양파의 경우가 혈소판 응집 억제 작용이 강하다는 것을 알키돈산의 혈소판내 대사에 의해 보여주고 있다.

덴마크의 스리버스터(1984년) 등은 양파의 수용성 추출물을 이용해 시험했는데, 양이 많은 쪽이(용량의존적으로) 혈소판 응집 억제작용이 강하다고 보고하고 있다.

이상의 양파 항혈소판 작용 물질은 어디에 있을까 말할 수 있겠지만, 현재까지는

① 아데노신(위젠베르그 등, 1972년)

② 이소아린(리아코포우로 등, 1985년)

③ 1 메틸술피닐프로필메틸디술피드(河岸 등, 1988년)

등이 열거되고 있다.

① 아데노신에는 혈관확장, 혈소판 응집억제 작용이 있으나, 오스트리아의 고흐(1992년) 등은 양파나 마늘에는 이데노신디아미나제를 억제하는 성분이 함유돼 있어서, 아데노신을 증가시키는 작용도 있다고 하고 있다.

② 이소아린에 대해서는, 그리스의 리아코포로우로(1985년) 등이 양파의 혈소판 응집억제 작용을 가진 성분은 무엇일까를 조사하기 위해, 1 킬로그램의 양파로부터 각종 크로마토그라피에 의해 활성성분의 순화를 진행했다. 각종 아미노산(트립토판, 페닐아라닌, 메티오닌, 리진, 글루타민, 아스파라긴)에는 단독으로 또 병용해서도 혈소판 응집 억제작용은 보이지 않고, 두번째의 성분에 활성을 끌어냈다. 그것들은 마늘의 아리신과 동일한 성분, S-아릴-L시스틴술옥시드, 이소아린이었다. 합성 아리신도 0.1밀리몰이라고 하는 낮은 농도로 혈소판 응집을 억제한다.

나고야 대학의 河岸(하안-1988년) 등은 제3의 항혈소판 활성인 자로서 ③을 뽑아냈다. 이 물질은 양파를 으깨기도 하고, 자르기도 할 때 생기는 메틸술펜산(티오술피네이트의 일종)과 티오프로파날S옥사이드의 교차반응에서 생기는 물질 같다고 하고 있다.

반데르파크(1980년) 등은 양파기름과 마늘기름의 생체 내, 실험관내에서의 혈소판 응집 억제작용은 아르키돈산에서 나오는 트론복산 B2와 HHT(12-하이드록시헤프타디카토리엔산)의 합성을 억제하는 것에 의한 물질로서, 억제의 강도는 양파기름 쪽이 크다고 보고하고 있다. 혈소판내의 알키돈산은 두개의 지방산 옥시게나제로 대사된다. 하나는 사이클로옥시나제로, 트론복산A2(혈소판 응집을 일으키는 강

방사활성물질	방사활성분포			
	대 조	양파기름		마늘기름 40μg/㎖
		20μg/㎖	40μg/㎖	
트론복산 B2	□	□	□	□
HHT	□	□		□
HETE	□	□	□	
HEPA	□	□		
아라키돈산 (기름첨가 없음)	□	□		□

HHT: 12-하이드록시-5, 8, 10- 헵타데카트리엔산
HET:12-하이드록시에이코서-5, 8, 10, 14- 테트라엔산
HEPA:10-하이드록시 11, 12- 에폭실, 5, 8, 14- 에이코사트리엔산

[그림7] 양파기름, 마늘기름 처리 인간 혈소판에의 아라키돈산 대사

력한 물질)의 전구체에 있는 프로스타글란딘G_2 형성에 관여하는 효소이다. 또 하나는 알키돈산을 12-하이드로페록시에이코사네트라엔산로 전환시키는 리폭시게나제이다.

그것들은 양파와 마늘 40 마이크로 그램/밀리리터 첨가에 의한 사람의 혈소판대사를 검토한 결과, 그림7과 같이 양쪽의 옥시게나제 (사이클로옥시게나제와 리폭시게나제)의 활동이 억제되고, 그 억제의 강도는 양파가 마늘보다 크다고 보고하고 있다. 그림7의 HHT, HETE, HEPA는 리폭시게나제에 의한 알키돈산 대사산물이다.

미국의 마크에어와 베일리(1990년)는 양파와 마늘의 항혈소판 응집작용 성분에 대해 언급하고 있다. 그들은 양쪽에 함유된 성분으로

①아데노신   ②아리신   ③폴리살파이드

를 인정하고 있다.

①,②는 사이클로옥시게나제나 리폭시게나제 대사에 작용하지 않고, 혈소판 응집을 억제하고 있다. ③은 리폭시게나제 대사물을 생성시키고, 동시에 트론복산 합성, 혈소판 응집의 양쪽을 억제하는 작용을 갖고 있다. 표3은 아데노신, 아리신, 폴리살파이드의 항혈소판 활성의 측정결과를 보여준다. 총 항혈소판 활성은 마늘의 경우는 5배 강한 결과가 되었고, 반데르파크의 양파의 경우는 마늘보다 강하다고 하는 결과와는 다르게 나왔다.

아리신의 혈소판 응집 억제 작용은 섭취를 중지하면 비교적 빠르게 없어지지만, 아데노신은 혈관 확장작용도 있어서, ADP, 트론빈, 아드레날린에 의한 혈소판 응집을 강하게 억제해 준다. 그러나 그런 작용은 양파, 마늘 모두 섭취 후 24시간도 지속된다고 말할 수 있다.

7
혈전 예방에 효과적인 양파를 먹는 법

보르디아 등(1996년)은 실험용 쥐의 혈청 트롬복산(Thromboxane) B2에 대한 양파의 작용을 검토하여 생 양파에서는 항 혈소판 응집 작용은 인정되지만 끓여 익힌 경우에는 인정할 수 없다고 보고하고 있다.

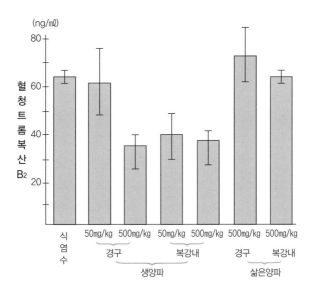

[그림8] 쥐의 혈청 트론복산에 대한 양파 작용
(Bordia T et al. 1996)

제3장 양파는 혈액을 맑게 하고 혈전을 방지한다

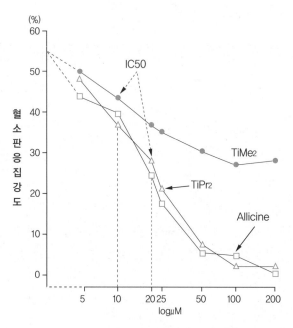

그림9 3가지 종류의 티오술피네이트의 항응집활성
(TiMe2, TiPr2, TiAl2 : 아리신)

그 후, 보르디아 등(1999년)은 양파와 마늘 추출물을 사용하여 날 것과 끓여 익힌 것으로 혈소판 응집에 대한 작용을 토끼와 사람에게 검토했다. 토끼에서는 용량 의존적으로 두 재료 모두 혈소판응집 억제를 나타냈지만 역시 마늘쪽이 강하고 50퍼센트 억제에 필요한 농도는 마늘 약 6.6밀리그램/밀리리터, 양파 약 90밀리그램/밀리리터였다. 그리고 양쪽 모두 끓인 경우에는 혈소판 응집 억제 작용은 현저하게 저하하고 있다. 따라서 혈소판 응집 억제 작용에 관해서 말하면 두 재료는 조리하기보다 날 것으로 섭취하는 것이 좋다는 결과가 된다. 끓여서 혈소판 응집 억제 작용이 저하하는 것은 열에 의한 혈청 중의 TXB_2(Thromboxane) 합성 저하, 사이클로옥시게나제(cyclooxygenase)에 대한 작용의 저하를 생각할 수 있다. 또 이 연구 보고에서는 양파는 사람 혈소판에 대해서 항 응집 작용을 나타내고 있지 않으나 전술한 스리바스터의 양파에는 극히 강한 항 혈소판 응집 작용이 존재한다는 보고와의 차이는 사용한 양파에 함유되어 있는 유기 유황 양의 차이에 의한 것이라 보르디아 등은 기술하고 있다.

문제는 날 것으로 먹는다는 점인데 특히 마늘은 인도의 데사이 등(1990년)의 보고에 의하면 날 것으로 하루 0.75, 1.5, 3그램을 위 내에 주입하면 위 표면의 상피 세포는 현저하게 박탈을 초래하고 위가 타는 느낌을 일으킨다고 했다.

프랑스의 만돈(2000년) 등은 양파의 항혈소판 응집 활성물질인 티오술피네이트에 대해 흥미있는 분석을 하고 있다. 그에 의하면, 양파는 알리나제에 의해 티오술피네이트(Ti)가 생긴다. 메틸(Me_2)을 갖고 있는 것이나, n-프로필(Pr_2)를 가진 것이 있는데 어느 쪽에도 항혈소판 응집 활성이 있어서, $TiPr_2$는 마늘의 아리신($TiAl_2$)과 똑 같은 강한 활성을 갖고 있다. $TiMe_2$에도 2분의 1정도의 활성이 있다(그림9). 이 $TiPr_2$대 $TiMe_2$의 비율이 양파의 품종적인 항혈소판 응집활성의 차이를 결정하고 있는 것 같다. 마늘의 티오술파이네트는 아리신($TiAl_2$)이므로, 그 점에는 양파와 마늘은 확실히 차이가 있다고 본다. 혈소판 응집억제는 결국 혈전예방이란 점에서 말하면, 최고 효과가 있는 양파의 품종은 $TiPr_2$가 많은 것이라고 말할 수 있을 것 같다.

더 말해보면, 그들을 날것인 채로 섭취하는 것이 가장 효과적이나, 독특한 매운 맛이나 냄새 때문에, 날것으로 많이 먹는 것이 쉽지는 않다. 요는 티오술피네이트, 특히 $TiPr_2$, $TiMe_2$를 섭취하는 것이 간이나 콩팥이므로, 이소아리인으로부터 티오술피네이트로 변화할 때까지, 결국 양파를 썰거나 즙을 내린 후에, 잠시 놓아두면(20~30분) 잘 분리된다(그림 10). 그 뒤에 조리하면, 많은 티오술피네이트가 얻어진

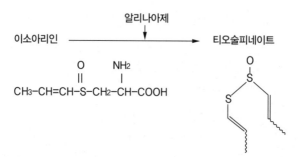

[그림10] 이소아리인과 티오술피네이트

다. 반대로 양파를 잘라서 바로 요리하면 앞에 서술한 이소아리인을 티오술피네이트로 변화시키는 알리나제라는 효소가 파괴되고 말기 때문에, 혈소판 응집 억제에 역할을 하지 못한다.

　실제로 양파를 섭취하는 경우에 혈전 예방, 혈소판 응집 억제를 위해서 어떤 양파의 품종을 고르면 될 것인가에 대해서 미국의 골드만 등(1996년)은 우수한 연구를 발표하고 있다. 각 종 양파에서 피루빈산 (pyruvic acid) 함유량과 혈소판 응집 억제와의 관계를 검토하고 있는데 피루빈산 함유량이 많은 양파일수록 혈소판 응집 억제 작용이 강한 경향을 엿볼 수 있다. 피루빈산은 이소아리인이 티오술피네이트로 변화할 때 생기는 물질이기 때문에 피루빈산이 많을수록 티오술피네이트가 생기기 쉽다. 바꿔 말하면 유황 화합물이 많은 양파, 요컨대 매운 맛이 강한 스트롱 타입의 것(노란 양파)이 혈전 예방에 가장 기대할 수 있다.

　양파에는 유황 화합물과 더불어 중요한 2대 성분으로서 플라보노이드(케르세틴)가 많이 함유되어 있는데 플라보노이드에도 혈소판 응집 억제 작용이 있는지 여부는 흥미 있는 문제다. 이 점에 대해서는 네덜란드의 야센 등(1998년)이 상세히 검토하고 있다. 양으로서

①생리적(통상 섭취하는) 범위 (0~2.5마이크로 리터/리터)의 양

②비생리적 고농도 (2.5 매크로 리터/리터 이상)

으로 나누어 검토하였는데 케르세틴(quercetin)을 포함해서 각종 플라보노이드의 혈소판 응집 억제 작용은 식사에서 섭취하는 것으로는 불가능할 정도의 고농도에서만 인정되고 ①의 생리적 범위에서는 인정되지 않았다.

또 18명의 건강한 성인에게 양파를 하루 220그램(케르세틴으로서 114밀리그램)을 7일간 섭취시켰더니 혈소판 응집, 트롬복산B_2 생산 등에는 영향을 주지 않았다고 보고하고 있다. 또 양파의 조리에 대한 언급은 없었지만 아마도 막 조리된 것을 사용했다고 생각할 수 있다.

제4장

양파는 고지혈증, 고혈압의 예방,
개선에도 뛰어난 효과

1
고지혈증은 혈전, 동맥경화의 위험인자

• 고지혈증이란?

고지혈증이라는 것은 공복시에 측정한 혈청 콜레스테롤 수치가 220 밀리그램/데시리터, 혈청 트라이글리세라이드(중성지방) 수치가 150 밀리그램/데시리터의 양자택일, 혹은 둘 모두가 초과하는 것을 가리키는 것으로, 심혈관병, 뇌혈관병의 원인이 되는 동맥경화의 가장 큰 위험인자이다.

콜레스테롤 중에는 LDL(저비중 리포단백질) 콜레스테롤과 HDL(고비중 리포단백질)가 포함되어 있다.

LDL은 동맥벽세포 사이의 각종물질(콜라겐, 엘라스틴, 산성무코다당체 등)과 결합하기도 하고, 산화해서 변성LDL이 되기도 해서, 탐식세포(매크로파지)에 먹히고, 포말화 되어서, 동맥벽에 축적된다. 더욱 평활근 세포가 LDL을 먹고 증식할 경우, 동맥경화를 일으킨다. 그래서, LDL 콜레스테롤은 악성 콜레스테롤로 여겨지고 있다. 한편, HDL 콜레스테롤은 동맥벽으로부터 LDL콜레스테롤을 제거하는(간장에서 움직임) 까닭에, 좋은 콜레스테롤로 불리우고 있다. 이상의 점을 가미하면, 고지혈증의 문제점은 다음과 같다.

· LDL 콜레스테롤은 150 밀리그램/데시리터 이상
· HDL 콜레스테롤은 40 밀리그램/데시리터 이하
· 트라이글리세라이드(중성지방)은 150 밀리그램/데시리터 이상

• 고지혈증과 심혈관병

고지혈증은 고혈압과 함께 동맥경화의 큰 원인이라는 주지의 사실이 되어서, 옛날부터 역학적으로, 실험적으로, 혈청 콜레스테롤의 증가와관동맥경화를 불러오는 많은 동맥경화성 질환과의 관계가 지적되고 있다.

[표1] 혈청지질의 종류와 역할

· 콜레스테롤 세포막의 구성 성분 스테로이드 호르몬 담즙산 ⎬ 의 원료	· 유리지방산 에너지로 사용 · 인지질 세포막의 구성성분
· 트라이글리세라이드(중성지방) 에너지의 축적	

일반적으로 혈청 중의 지질은 표1과 같이, 콜레스테롤, 인지질, 트라이글리세라이드(중성지방), 유리지방산의 4가지가 주체로서, 그 밖에 당지질이나 지용성 비타민 등이 있다. 중요한 것은 콜레스테롤과 트라이글리세라이드 두 가지이다. 체내의 콜레스테롤의 태반은 뇌, 근육, 피하지방, 간장, 부신 등에 함유(약 120 그램), 그 10% 정도가 혈액 중에 존재하고, 적혈구나 그 외 혈구성분의 막에 5~6 그램, 혈청 중에 역시 5~6 그램이 함유, 리포단백질로 존재하고 있다. 유리지방산 이외의 혈청지질은 이 리포단백질과 복합체의 형태로 존재하고 있어서,

고지혈증은 고리포단백혈증으로 이해하는 쪽이 좋아 보인다. 콜레스테롤의 많은 부분은 LDL에 의해 수송되고 있지만, LDL은 혈액중에서부터 혈관벽 내로 들어올 때, 활성산소에 의해 산화되어서 변성LDL으로 변하게 된다. 혈액중의 단구는 혈관내로 들어와 탐식세포(매크로파지)로 되어, 이 변성LDL을 잡아먹고, 거품 모양의 큰 세포(포말세포)로 변한다. 변성LDL에는 혈관내피를 해치는 작용도 한다.

양파에 많은 플라보노이드(케르세틴)은 활성산소를 제거해서 변성LDL의 생산을 억제한다. 이 작용이 심장병의 예방에 역할을 하는 것으로 생각할 수 있다. 이에 관해서는 제5장의 '심혈관병'에서 다루게 된다.

죽 모양 동맥경화병변의 초기는, 지방선조라 불리우는 콜레스테롤 에스테르를 다량으로 축적한 매크로파지로부터 유래한 포말세포가 모인 모양으로, 이것이 진행하면 선유성 경반(플록)이 된다.

한편으론 '좋은 콜레스테롤'이라고도 불리우는 HDL 콜레스테롤은 허혈성 심질환(협심증, 심근경색)에 낮은 것이 미국의 미러(1975년) 등에 의해 보고되었고, 이 저하가 각종 동맥경화성 질환의 위험인자의 하나로 알려져 있다. 결국, HDL은 항동맥경화 작용을 갖고있는 리포단백질이다. 그렇지만 HDL은 동맥경화가 진전되지 않으면, 수축이 일어나는 것이 명백히 밝혀져 있다. HDL은 말소조직으로부터 여분의 콜레스테롤을 꺼내, 간장에 운반하는 운반체이다.

중성지방은, 리포단백질의 질적변화, 식후, 고지혈증의 증악−천연화(악화돼 길게 늘어지는 현상), 혈액 응고 선용계 이상(플라스미노겐 악티베타 인히비터−1이 수치가 높아져 선용기능이 저하되고 혈전이 일어나기 쉬운 현상) 등, 동맥경화를 촉진하는 가능성이 입증되어, 동맥경화의 위험인자로 생각하는 것이 좋은 것 같다.

리포단백질a(Lp(a))는 일찍부터 동맥경화의 위험인자로서 주목

받아왔다. LDL이나 선용계의 플라스미노겐과 매우 흡사하게, 콜레스테롤을 운반하는 리포단백질이나, Lp(a) 자체보다는 Lp(a)가 피브린과 혈액의 결합조직 성분에 결합해 혈관벽에 침착하기 쉬워서 선용계를 억제해 혈전형성을 촉진하므로, 역시 동맥경화의 위험인자의 하나로 알려져 있다. 제3장의 '양파와 혈전' 의 장에서 서술했지만, 저자의 임상치료경험으로도 양파에 의해 Lp(a)의 저하가 인정돼, 그런 의미에서도 양파에는 항동맥경화 작용이 있다고 말할 수 있다.

2
양파는 고지혈증의 예방, 개선에 유효

인도의 굽타(1966년) 등은 양파를 먹는 것으로, 고지방식에 의한 고콜레스테롤 혈증을 예방할 수 있다고 보고하고 있다. 같은 인도의 메프로트라(1966년) 등은 40명의 건강한 남성에게 100그램의 지방을 함유한 고지방식을 먹게 하니, 혈청콜레스테롤이 상승했으나, 동시에 프라이 된 양파 60그램을 먹게 했을 때, 식전의 콜레스테롤 수치와 비교해 전혀 변화를 보이지 않았다고 보고하고 있다. 결국, 양파에는 고지방식에 의해 상승한 혈청콜레스테롤 수치를 끌어내리는 작용이 있다고 판단될 수 있다.

인도의 보르디아(1975년) 등은 100그램의 버터를 함유한 식사와, 그 뒤에 양파 50그램(주스랄까 에테르 추출기름)을 일주일에 4회 먹게 하고 식사에 의한 고지혈증에 대한 양파의 효과를 검토했다. 결과는 똑같이 지방섭취에 의한 콜레스테롤 상승은 양파에 의해 억제가 가능하였다.

[표2] 양파의 지질개선 작용

---

① Gupta NN et al. (1966)

    고지방식 ⇒ 고콜레스테롤혈증   양파가 예방

② Mehrotra ML. (1966)

콜레스테롤

40명의 남성　고지방식　↑

고지방식 + 양파 ➡ (식전과 비교)

③ Ltokawa Y et al. (1973) ⎱ 양파의 SMCS(메틸시스틴술옥사이드)이
④ Augusti Y et al. (1973) ⎰ 고지혈증에 유용

⑤ Bordia A et al. (1975)

콜레스테롤

10명의 건강한 사람 ⎰ 고지방식　　　　　　221→237

고지방식 + 양파　　　221→228(양파 생주스)

를 함유한 식사(4회/주)　↘225(양파 추출물)

⑥ Sainanl GS. (1978)

토끼	콜레스테롤	중성지방	베타리포단백질
A 정상식			
B 정상식 + 콜레스테롤식	↑	↑	↑
C 정상식 + 콜레스테롤식 + 마늘	⬇	⬇	⬇
D 정상식 + 콜레스테롤식 + 양파	⬇	⬇	⬇

⑦ Kumari K et al. (1995)

아록산DM　　　　양파의 SMCS의 항고지혈증성작용　　　　쥐

⑧ Babu PS & Srinvasan K. (1997)

스트레프트조토신DM　　　양파분말(3%)의 항고지혈증성작용

　　인도 케라라대학의 오가스티와 매쉬(1973년)는 이 지질저하작용에 관한 성분은 양파에는 S-메틸시스틴술옥사이드(SMCS), 마늘에는 아리신(SACS)이 주체라고 서술하고 있다. 이것들의 성분에는 당, 알코올, 콜레스테롤식의 지질생성 작용에 도움을 주는 작용이 있고, 그 과정은 다음과 같이 추정된다.

　　① 유황성분에 의해 지질, 콜레스테롤의 합성을 촉진하는 효소 HMG-CoA(3-하이드록시-3-메틸굴타릴 보효소)를 불활성화 한다.

② 조직내의 NADPH(환원형 니코틴아미드아데닌디네클레오티도린산)을 줄여, 지질, 콜레스테롤 합성을 억제한다.

인도의 사이나(1978년) 등은 토끼에게 다음의 4가지 식사를 주어 비교 검토하고 있다.

· 정상식 … A
· 정상식 + 콜레스테롤식 … B
· B에 마늘 0.25 그램을 첨가한 식사 … C
· B에 양파 2.5 그램을 첨가한 식사 … D

결과는 예상대로, 콜레스테롤, 중성지방, 베타-리포단백질은, 특히 B에서 상승하고, C와 D에서는 저하를 보여주어서, 마늘, 양파의 지질저하작용은 실험적으로 증명되었다.

다음 해, 같은 사이나 등은 건강인에게도 같은 같은 효력이 있는지를 검토하고 있다. 결국, 지금까지의 보고와는 다르게, 지방을 주지 않고도 양파의 효과를 확인하게 되었다. 그들은 다음과 같이 성, 나이, 체중, 사회적 조건을 조합한 건강인을 3군으로 나눠, 각종 지질치를 측정했다(그림1).

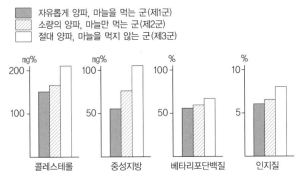

[그림1] 3개 군에 걸친 혈청지질의 비교

- 제1군(70명) ⋯ 자유롭게 양파(주당 600그램 이상 섭취), 마늘(주당 50그램 이상 섭취)를 먹는 군.
- 제2군(64명) ⋯ 소량의 양파(주당 200그램 이하), 마늘(주당 10그램 이하)만 먹는 군
- 제3군(72명) ⋯ 절대 양파, 마늘을 먹지 않는 군.

제3군에는 4종의 지질이 의미 있게 높은 수치를 보였고, 제1군에게는 반대로 낮은 수치를 보여주었다. 베타-리포단백질 수치는 제1군과 제2군에는 통계적으로 의미 있는 차이를 보여 주지 않았으나, 그 밖의 콜레스테롤, 중성지방, 인지질은, 제2군에 비해 제1군이 낮은 수치를 보여주었다. 이상에 의해, 식사에 양파나 마늘을 충분히 먹는 것은, 혈청지질을 낮은 수치로 유지하는 데 유용하고, 두 음식에는 지질개선 작용, 고지혈증 예방작용이 있다고 말할 수 있다. 실험적으로 당뇨병이 걸리게 한 쥐에게도, 양파가 고지혈증에 대한 개선 작용을 갖고 있음이 증명되어 있다.

인도의 쿠마리(1995년) 등은 쥐에게 아로키산을 피하주사해서 당뇨병 상태를 만들어, 45일간 체중 1킬로그램당 200 밀리그램의 S-메틸시스틴술옥사이드(SMCS)를 경구 투여하며, 당뇨병, 고혈압에 대한 효과를 검토하고 있다. 그 결과, 혈당의 저하, 혈청중의 지질(총 콜레스테롤, VLDL, LDL콜레스테롤)의 저하, LDL콜레스테롤에 대한 HDL콜레스테롤 수치의 상승이 얻어지고 있다(그림2).

더욱이 간장, 신장내의 지질(총 콜레스테롤, 중성지방, 인지질)도 저하되었다. SCMS는 양파에는 40그램 중에 약 1그램을 함유하고 있다. 쿠마리 등은, SMCS이외의 유황화합물에도 같은 작용이 있는 것은 아니라고 생각하고 있다.

인도의 바부(1997년) 등은 스트레프트조토신에 의한 고콜레스테롤혈증을 동반한 당뇨병 쥐에게, 가프사이신(고추 추출물 등의 매운 맛

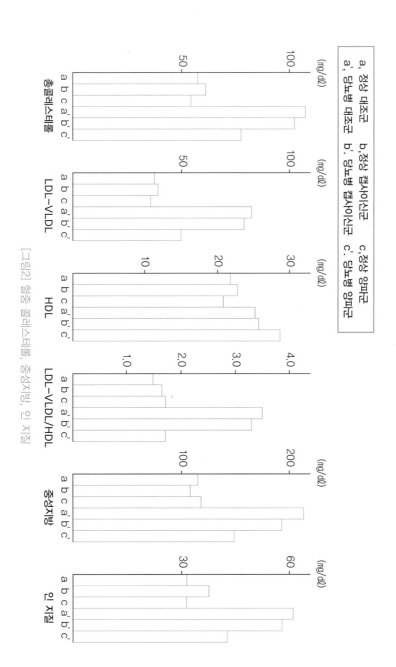

a, 정상 대조군   b, 정상 캡사이신군   c, 정상 양파군
a′, 당뇨병 대조군   b′, 당뇨병 캡사이신군   c′, 당뇨병 양파군

[그림2] 혈중 콜레스테롤, 중성지방, 인 지질

성분)과 양파를 이용해, 당뇨병과 고지혈증에 대한 효과를 검토했다. 그 경우, 양파는 양파분말(100그램의 마른 양파로부터 얻은 12그램의 분말)을 사용했다.

그림2와 같이, 정상 쥐, 당뇨병 쥐(스트레프트조토신 체중 1킬로 그램당 60 밀리그램을 복강 내에 주입해 만든)을 대조군(미처리군), 캡사이신군, 양파군의 셋으로 나누어 검토하고 있다. 콜레스테롤은 90%, 중성지질은 89%, 인지질은 85% 증가시켰다. 당뇨병대조군(a')에 비교해 당뇨병 양파군(c')은 혈중 콜레스테롤이 30% 감소했지만, 이것은 나쁜 콜레스테롤인 LDL-VLDL 분화(分畵)의 낮은 수치에 의한 것이다. 그러나, 좋은 HDL 콜레스테롤은 20% 증가를 보여주었다. LDL-VLDL/HDL의 비율은 당뇨병 쥐군은 정상쥐군보다 높고(3.50 대 1.59), 양파군에서는 약 5% 낮은 수치를 보여주었다.

똑같이 당뇨병 양파군(c')은 중성지방, 인지질도 28%, 25%의 의미있는 감소를 보여주었다. 그러나, 당뇨병 캡사이신군(b')에서는 이상과 같은 작용은 확인되지 않았다. 더욱, 간장, 신장의 조직 내의 콜레스테롤, 중성지방은 당뇨병 쥐에서 상승하고, 당뇨병 양파군에서는 감소하는 경향을 보였다.

이상을 요약하면, 양파가 당뇨병 상태에서 생긴 지질, 리포단백질 이상을 개선했다고 할 수 있다. 바부 등은, 이 개선과정은 양파의 비장 베타세포에 대한 보호작용, 인슐린 감수성 효과에 의한 것이라고 생각해, 당뇨병 합병증의 하나인 고지혈증의 개선에 유용하다고 서술하고 있다.

3
임상 시험에서 양파에 현저한 콜레스테롤, 중성지방의 정상화 작용을 확인

　저자가 고지혈증을 수반하는 당뇨병 환자에게 양파 가공식품(비타 오니온)을 사용하여 행한 임상 시험에서도 똑 같은 결과가 나왔다(그림3). 22가지 예의 당뇨병환자로 총 콜레스테롤이 높은 치(値)의 예는 15가지 예로 인정되었다. 그 내역은 심혈관 합병증이 있는 예에서는 180밀리그램/데시리터 이상, 위험 인자 양성(당뇨병을 제외하는 것으로 고혈압, 비만 등이 있는 예)의 경우에는 200밀리그램/데시리터 이상, 위험 인자가 없는 예는 220밀리그램/데시리터를 높은 치의 예로 하였다. 또 전체 예에서 지질 대사 개선제는 사용하지 않았다.

　결과는 12가지 예(80퍼센트)가 저하 그 중 8가지 예는 목표치까지 저하하고 있다. 요컨대 심혈관 합병증이 있는 예는 180밀리그램/데시리터 이하, 위험 인자 양성의 예는 200밀리그램/데시리터 이하, 위험 인자가 없는 예는 220밀리그램/데시리터 이하로 저하하고 있다. 시간 경과적으로 보면 8주로 의미 있게 저하, 12주 이후는200밀리그램/데시리터 이하를 유지하고 있다.

　중성 지방은 150밀리그램/데시리터 이상의 높은 수치 예는 16명 중 14 예(88퍼센트)가 저하, 그 중 네 예는 목표 영역(150 이하)으로까지 저하했다. 4주에 유의하게 저하하여 8주에 약간 상승하고 있는데

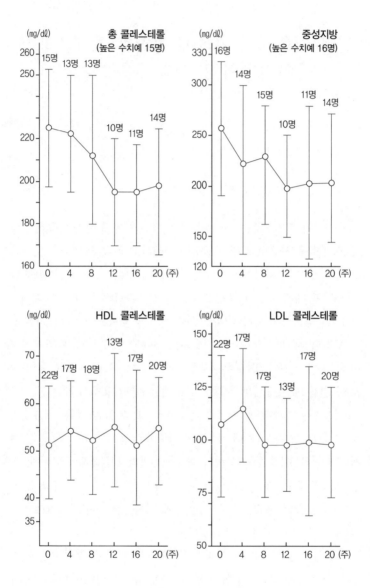

그림3 임상시험의 결과

암도 이기는 묘약, 양파

12주에서 현저하게 저하하여 이후 200 전후를 유지하고 있다.

HDL콜레스테롤은 40밀리그램/데시리터 이하의 낮은 치는 불과 세 가지 예였는데 두 예는 치료 후 정상화하고 있다. 전체로서의 변동을 보면 상승 경향을 인정할 수 있다.

LDL 콜레스테롤은 150밀리그램/데시리터 이상의 높은 수치 예는 역시 두 예 뿐이었는데 모두 치료로 정상화되어 전체 예로서의 변동은 8주 이후는 100밀리그램/데시리터 이하를 유지하면서 저하 경향을 보였다.

이상에 의해 양파에는 지질 대사의 개선 작용이 있다는 것이 판명되었는데 혈당치, 헤모글로빈A1C의 개선이란 반드시 관계가 있는 것이 아니고 내리는 예도 있기 때문에 당뇨병의 합병증으로서의 고지혈증은 물론이고 당뇨병에 걸리지 않은 고지혈증 환자에게도 양파가 유효하다는 것이 증명되었다.

4
양파에는 혈압강하 작용도 있다

양파에는 혈압을 끌어내리는 작용도 있다. 미국의 동텍사스 주립대학의 아트레프(1973년, 80년) 등은 신체 각 부분의 조절작용을 가진 호르몬, 프로스타글란딘(PG)의 하나인 PGA1(15 – 하이드록시9 – 케토프로스타10 – 13 – 디이에노산)에 혈압 강하작용이 있다는 것을 증명했으나, 황색 양파로부터 박층 크로마토그라피로 분리한 지방산 그림에서도 PGA1 그림 없는 PG모양의 화합물이 함유되어 있다.

더욱이, 그림4와 같이 10 마이크로그램 표준의 PGA1의 강압작용과 비교 검토하니, 아주 비슷한 결과가 얻어졌다. 전자에는 혈압은 120/90 밀리Hg -> 60/25로, 후자에서는 125/100 밀리Hg -> 85/45로 내려가10~15분에 원래의 혈압으로 돌아가고 있다. 이것은 위스타 쥐의 대퇴정맥에 카테텔을 삽입해 약제를 주사하고, 경동맥에 삽입한 폴리에틸렌튜브를 개입시켜, 혈압을 측정한 것이다.

예전부터 양파나 양파주스는 고혈압의 민간요법에 사용되었지만, 식물물질로부터의 PGA분리에 성공한 사례는 없었다.

한편으론, 마늘의 강압작용 논문은 적지 않다. 러시아의 담로(1941년) 등은, 고혈압환자의 85%에서 혈압저하(특히 수축기 혈압의 200 밀리Hg이상 저하는 25%) 효과를 보았다고 보고하고, 두통, 현기증 등의 증상이 사라졌다고 적고있다. 같은 러시아의 피오트로우스키

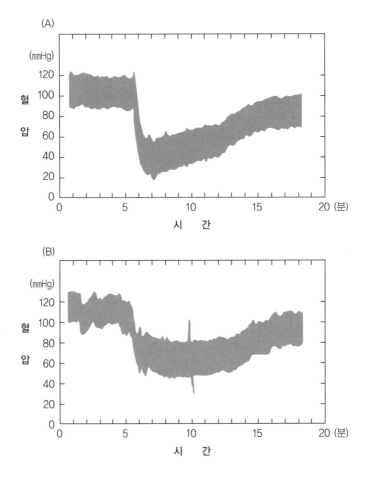

그림4 완충액 중에 10μgPGA를 함유한 액의 주입(A), 같은 양의 완충액 중에 1000μg의 양파추출물을 함유한 액의 주입(B)과 혈압의 변동

(1948년) 등도, 100명 중 25명의 수축기 혈압은 1주일 이내에 20 밀리 Hg 이상 내려갔다고 보고했고, 펙트라(1979년)는 러시아, 불가리아의 논문을 인용해, 똑같이 마늘에 강압작용이 있다고 보고하고 있다.

영국의 논문에도, 동물실험(쥐, 개)에서 마늘의 강압효과를 확인하고 있다. 마늘의 어떤 성분이 효과가 있는 것인지에 대해서는 상세한 연구가 없어, 아르사톨이라는 에틸알콜 추출물에, 주로 콜린 유사작용과 혈관 평활근작용이 있는데, 그것이 강압물질일 것이라고 이야기 되고 있다. 어쨌든, 마늘에는 강압작용이 인정되며, 그러나 정상혈압은 내려가지 않는다는 특성이 있다.

최근의 양파 임상소견에는 영국의 하렌베르그(1988년)가 20명에게 600 밀리그램의 건조 양파를 함유한 정제를 4주간 복용시켜, 수축기 혈압이136.5 밀리Hg → 125.5로, 확장기 혈압이 86.0 → 81.0으로 내려갔다고 보고되고 있다. 그러나 임상적 검토의 보고 예는 양파에는 아직 부족하고, 저자의 당뇨병 임상치료 경험에 의한 혈압변동도 의미있는 차이가 없어서, 앞으로 더 검토가 필요하다고 생각할 수 있다.

그러나 양파에는 소량이지만, 미네랄로서 칼슘(Ca), 칼륨(K), 마그네슘(Mg) 등의 강압작용 물질이 있어서, 유황화합물에 의한 혈전예방, 지질대사개선, 더더욱 진정작용도 있어서, 적지 않게 혈압상승을 억제하는 역할도 부정할 수 없다.

케르세틴의 혈관 확장작용에 관한 보고는, 프랑스의 루이 파스텔대학의 베레츠(1980년)의 쥐 대동맥에서의 페닐프린에 의한 혈관수축을 케르세틴이 억제하는 작용이나 스페인의 듀얼(1993년) 등의 쥐 대동맥, 문맥에의 실험에 의한 혈관확장작용 등이 있다. 혈압에 관련된 기록은 없으나, 이 같은 혈관확장 작용은 혈압을 낮추어 줄 가능성이 있다고 생각될 수 있다.

최근, 오사카시립대학에서는 혈관 내피 지향성 SOD(수퍼옥시드디스무타아제)를 개발해, 고혈압 쥐의 활성산소에 연관을 연구했으나, 고혈압 쥐(SHR 쥐와 DOCA..NaCl 쥐)의 혈관내피세포표층의 헤파란

유황에 SOD를 맞혀서, 활성산소 수퍼옥시드를 제거하면, 고혈압증상이 현저히 개선된다는 것을 보고하고 있다. 혈관주변에는 활성산소 수퍼옥시드 NO의 균형이 무너져, 수퍼옥시드 중심의 산화 스트레스가 일어나 NO의 혈관의 이완작용이 저하되기 때문에, 고혈압은 혈관내피세포의 주변에 과도하게 만들어진 수퍼옥시드가 관여하는 활성산소 병이라는 결론에 이르게 됐다. 이런 생각에서, 양파에 많은 플라보노이드(케르세틴)가 수퍼옥시드를 억제해, 혈압을 낮추는 작용이 기대된다고 할 수 있다.

제5장

양파를 많이 먹으면
심혈관병의 위험이 적어진다

1
플라보노이드의 섭취량과 허혈성 심질환 (협심증, 심근경색)에 관한 조사

심장은 사람 주먹 만한 크기(약 300그램)로 4개의 방과 판을 가지고 있으며, 펌프질을 하고 있다. 심장은 자동적으로 일정한 리듬으로 수축을 반복해, 전신에 혈액을 보내주고 있다. 심장 자체의 영양은 내부를 흐르는 혈액으로부터 받는 것이 아니고, 심장벽에 있는 혈관(관상동맥)에 의해 보급을 받고 있다. 이 혈관은 대동맥의 근원으로부터 나오는 관상동맥으로 분기돼, 심장벽에 분포되어 있다.

협심증은 심장에 영양과 산소를 보내고 있는 이 관상동맥의 내강이 좁아져서, 핼액이 충분히 흐르지 못하게 되어 일어나는 병으로, 가슴에 통증이나 압박감을 동반하지 않는다. 내강이 좁아지는 원인은 주로 동맥경화에 의한 것이다. 협심증은 반드시 치료하지 않으면, 심근경색으로 이행하는 무서움이 있다. 심근경색은 관상동맥이 완전히 막혀서, 심장의 근육이 산소결함이 되어, 흉부에 통증이 장시간 계속되고, 조직이 괴사해, 마침내는 사망률이 높은 질병이다.

플라보노이드와 이 허혈성 심질환에 관련한 추적조사는, 지금까지의 경우 다섯개의 코드(동시발생집단)의 연구가 있다. 이 중에, 네덜란드인, 영국인을 대상으로 한 보고는, 모두 네덜란드농업대학의 헤르토크 박사 등이 발표한 것이다.

① 네덜란드인 노령 남성을 대상으로 한 역학조사(1993년)

네덜란드인의 플라보노이드 섭취원은, 홍차(61%)와 양파(13%) 사과(10%) 등으로 합하면 84%에 이른다.

플라보노이드를 1일 19 밀리그램 이하(A) 밖에 섭취하지 않는 사람과 비교해, 1일 30 밀리그램 이상을 섭취하는 사람(C)에게는 심장병에 의한 사망은 약 3분의 1, 사망에 이르지 않으나 심근경색이 일어나는 사람은 약 2분의 1로 감소하고 있다. 결국, 플라보노이드의 섭취가 심장병의 예방에 연결돼 있음을 시사하고 있다.

② 네덜란드인 젊은 남성을 대상으로 한 역학조사(1996년)

앞의 노령 남성 조사와 마찬가지로, 플라보노이드 섭취가 심장병의 예방에 연결된다는 결과를 얻고 있다. 특히 심장병 발생은 4분의 1로 감소되었다.

③ 핀란드의 크넥트 박사 등의 역학조사(1996년)

핀란드는 심장병이 많은 나라이다. 핀란드인은 플라보노이드의 1일 평균 섭취량이 3.4 밀리그램으로 적지않고(네덜란드인은 평균 20 밀리그램), 플라보노이드 섭취원은 양파와 사과가 64% 정도를 점하고 있다.

역시 플라보노이드 섭취의 다과와 심장병에 의한 사망의 상대위험도에 의하면, 남녀 모두 플라보노이드가 예방효과가 있음을 보여주고 있다. 섭취원을 식품별로 검토하면 양파가 가장 상대 위험도가 적고, 효과가 가장 크다.

④ 미국 림 박사 등의 역학조사(1996년)

미국의 플라보노이드 1일 평균 섭취량은 20 밀리그램으로, 식품별 섭취원은 홍차(25%), 양파(25%), 사과(10%), 브로콜리(7%)의 순으로, 네덜란드인의 플라보노이드 평균 섭취량과 거의 비슷하다. 그들은 플라보노이드 섭취량을 5단계로 나눠 검토하고 있는데, 사망에 이르지 않은 심근경색의 상대 리스크는 섭취량과의 사이에 연관성이 없었다. 게다가, 심장병이 있던 사람(4814명)의 사망원인 분석에 의하면, 가장 섭취량이 적은 군(A)와 가장 섭취량이 많은 군(E)과의 비교에서는 상대 위험도가 0.63 정도로, 플라보노이드는 역시 심장병을 가진 환자의 2차 예방이 된다고 말할 수 있다.

⑤ 헤르토크 박사 등의 영국인을 대상으로 한 역학조사(1997년)

남웨일즈의 카프리시에 사는 영국인 중년남성 1900명을 대상으로, 14년간 추적조사를 시행하고 있다. 플라보노이드 섭취량에 대해, 1일 평균 13.5 밀리그램, 22.6 밀리그램, 29.5 밀리그램, 42.8 밀리그램의 4군으로 나눠, 상대 위험도를 조사하고 있다. 그 결과는 예상과는 반대로, 심장병 발생과 플라보노이드 섭취량 사이에는 상관관계가 보이지 않는다는 것이다.

그러나 홍차와 양파 섭취량을 별도로 검토할 경우, 홍차를 많이 마시면, 상대 위험도가 2배 이상 올라가고, 양파를 많이 먹으면 0.6 정도로 내려가고 있다. 구체적으로는 홍차 1일 300 밀리리터 이하, 450~750 밀리리터, 900~1200 밀리리터, 1200 밀리리터 이상의 4단계의 상대 위험도는 1, 1.7, 2.1, 2.3 이었다. 한편 양파는 1주간의 섭취 회수는 1회 이하, 1회, 2회, 2회 이상, 4 단계의 상대 위험도는 1, 1.0, 1.1, 0.6으로 많이 먹는 경우에 저하되고 있다.

이 같은 예상과 다른 홍차의 성적은 영국은 홍차를 좋아하는 민족이지만, 우유를 넣어 마시기 때문에, 우유의 단백질과 홍차의 플라보노이드가 결합해서 결합체를 형성해, 흡수되지 않고 묶이기 때문으로 보인다. 동물실험에서도, 우유의 첨가에 의해 홍차의 항산화 작용이 저하된다는 보고가 있다.

한편 양파의 플라보노이드에 있는 케르세틴은 앞에도 서술했지만, 홍차의 플라보노이드보다 강한 생물활성을 가져, 이것이 의미있게 활동했다고도 생각할 수 있다.

이상과 같이, 플라보노이드의 심장병을 예방하는 움직임은 역학적으로 수긍될 수 있었다.

헤르토크 등은 관동맥 질환(협심증, 심근경색)에 대해, 그림1과 같이 7개국, 16집단의 플라보노이드 평균섭취량과 심질환에 의한 사망률의 관계를 분석하고 있다. 결과는 부의 상관관계(역비례)를 얻어, 역시 플라보노이드 섭취량이 많은 나라(집단)일수록 심장사가 적다는 것이 인정될 수 있다. 7개국의 중요한 플라보노이드 섭취원은 미국, 핀란드, 그리스, 유고슬라비아(세르비아, 크로아티아)는 야채와 과일(주로 양파와 사과), 네덜란드는 홍차, 이탈리아는 적포도주, 일본은 녹차에 의한 것이었다. 플라보노이드 섭취량은 일본이 가장 높고, 80% 이상은 차에 의존하고 있다고 할 수 있다. 헤르토크는, 상대적으로 일본인에게 심장병이 적은 것은, 녹차와 포화지방산이 적은 식사와 관련이 있는 것이 아닌가 추론하고 있다.

이상에 의해, 역학적으로 보면, 심장병(협심증, 심근경색)의 예방에는 플라보노이드를 많이 먹는 것이 유용하다. 양파, 브로콜리, 사과, 그리고 우유를 넣지않은 홍차(소위 블랙 티), 녹차 등이 좋다고 말할 수 있다.

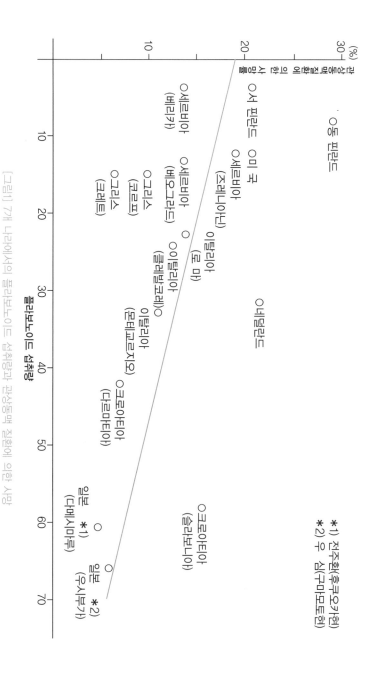

[그림1] 7개 나라에서의 플라보노이드 섭취량과 관상동맥 질환에 의한 사망

*1) 전주환(후쿠오카현)
*2) 우 심(구마모토현)

2
양파에 많은 플라보노이드(케르세틴)은 혈관장해를 방지한다

　전술한 헤르토크 등의 플라보노이드 섭취에 의한 심근경색 예방의 보고 이래, 동물 모델을 이용해 실험적으로 만든 혈관병에 대한 식사중의 플라보노이드, 플라보노이드를 함유한 식물 추출물의 효과가 검토돼, 많은 경우, 혈관장해에 대한 현저한 예방효과가 증명되어 있다. 혈관계의 병은, 과산화지질이나 병의 요인이 되는 에이코사이드의 발생으로부터 생기나, 플라보노이드는 여러가지 단계로 작동해, 이런 병을 억제해 준다(그림2).

　나중에 서술하겠지만, 당, 단백질, 지질 등이 결합(당화, 글리케이션)하면, 에이지(AGE)라고 불리우는 구조변화물이 생성된다. 에이지는 활성산소를 발생시키는 등, 생체에 매우 유해한 물질이나, 케르세틴 등의 플라보노이드의 생성을 3단계로 억제한다(그림2의 1,2,3)

　에이지를 제거한 물질(수용체)은 혈관내피세포, 면역계 등 많은 세포에 존재하나, 에이지가 수용체에 의해 제거되는 것 자체는, 혈관장해에 연결된다. 예를 들어, 혈관 내피세포에는 에이지와 에이지 수용체의 결합의 결과, 접착분자의 산화로 발현이 증강돼, 혈관장해를 불러온다.

　세균과 그 생산물질(리포폴리사커라이드 등)은 백혈구의 활성화를 불러, 염증성 미디에이터를 방출시키는 등 혈관병의 발생에 관여하고 있지만, 플라보노이드는 이 혈관계의 원인이 되는 세균의 발육과 복제를 저해한다. 그런 살균작용은 세균의 DNA를 막는 것에 의해 일어나는 것으로 생각할 수 있다(그림2의 5). 더더욱, 플라보노이드는 혈관 내피세포의 엔도세린 합성을 저하시켜, 세균에 의한 혈관장해로부터 혈관을 지키고, 백혈구의 활성화를 저해한다(그림2의 6). 플라보노이드에는 바이러스 입자의 복제의 억제(그림2의 4) 등의 항바이러스 작용, 더불어 항바이러스제(인터페론 등)의 효력의 강화 작용도 있다.

백혈구의 혈관에의 접착, 유출은 혈관병 발생의 큰 요소이나, 플라보노이드는 접착의 원인을 감소시켜 유출을 저지한다(그림2의 7).

한편, 여성호르몬, 에스트로겐의 혈관 보호작용은 충분히 해명되어 있지않으나, 혈관의 죽 모양의 경화증의 진전을 다단계로 저지하고 있다. 플라보노이드와 에스트로겐은 각종의 특성을 공유하는데, 첨언하면, 플라보노이드에는 혈관확장을 촉진하기도 하고, 에스트로겐 수용체 결합에 의해 유리한 시그널을 전달하는(그림2의 9) 등, 에스트로겐 작용이 확인되어 있다.

사람의 진행된 죽 모양의 경화병변에 특이한 혈관의 플록(죽종)에는 지질의 핵이 있어서, 선유에 의해 잡혀있다. 이런 선유성 죽종은 평활근세포, 면역세포, 세포외 매트릭스로부터 형성된다. 플록이 혈관을 막으면 허혈이 일어나고, 단백질 분해효소 프로테아제가 활성화된다. 이 효소가 국소적 혹은 전신에 활성화되면, 플록의 불안정화와 심근장해를 초래한다. 플라보노이드는 선유성 단백질에 대한 단백질 분해작용을 경감시킨다. 백혈구의 활성화도 프로테아제 방출을 불러오기 때문에, 플라보노이드에 의한 백혈구 활성의 억제도 프로테아제에 의한 조직장해를 방어, 경감하게 된다.

이상, 플라보노이드는 많은 과정을 통해 작용, 장해를 일으키는

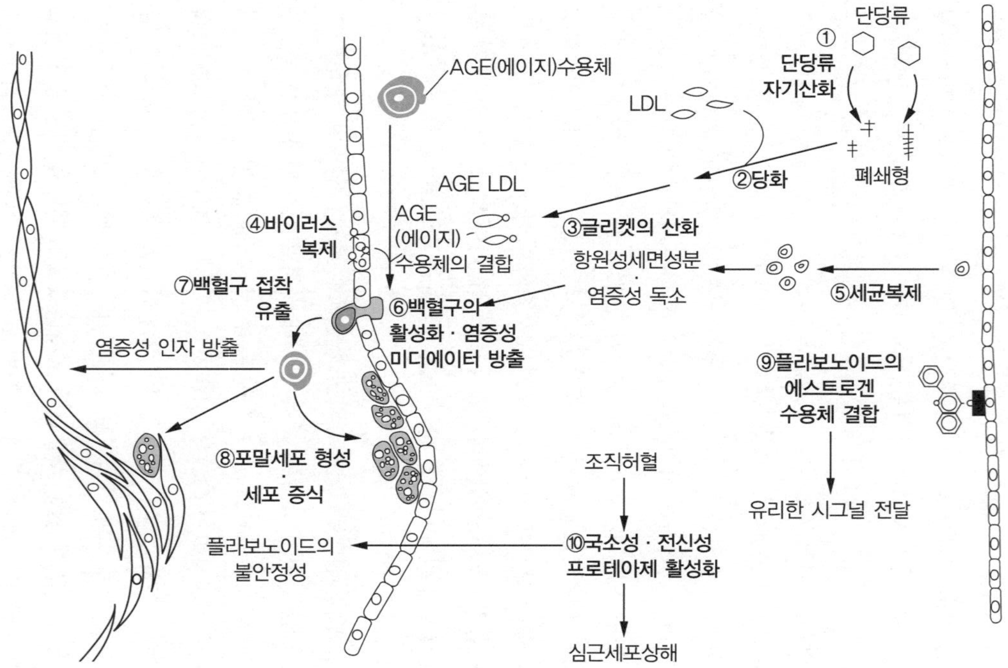

[그림2] 플라보노이드의 사람에 대한 허리병 허리뼈병 형성 억제 작용 과정(Schramm DD German JB. 1998. ─일부개편 01)

많은 조건으로부터 혈관을 지키고 있다. 양파에 많은 케르세틴은, 특히 흡수, 대사가 좋아, 혈장중에 안정된 농도를 가져오므로, 혈관계의 병(뇌혈전, 뇌경색, 협심증, 심근경색, 동맥류, 말초동맥폐색증 등)의 예방, 진전저지에 효과있게 작용할 것이 크게 기대된다.

제 6 장

양파는 혈당치를 내리게 하고 당뇨병의 합병증을 방지한다

1
당뇨병은 합병증이 무섭다

• 라이프 스타일의 변화로 당뇨병이 격증

일본에도 노령화 사회의 도래와 더불어 성인병(생활습관병)의 증가가 큰 문제가 되었다. 그 중에도 당뇨병은 가장 증가일로에 있는 성인병의 하나이다. 당뇨병 환자 수는 1970년대에는 약 200만 정도로 추산됐으나, 최근의 통계에는 당뇨병을 걱정할 필요가 있는 사람이 1400만에 달한다고 한다.

당뇨병 환자의 격증 배경에는 식생활의 서구화, 특히 동물성지방의 과잉섭취, 자동차의 보급에 의한 운동부족 등의 환경요인의 변화가 생각될 수 있고, 당뇨병 환자는 향후 더욱 증가할 것으로 예상된다.

• 당뇨병의 합병증

당뇨병은 그 병명에서 보듯, 소변에 포도당이 나오는 병이라고 생각할 수 있으나, 정확히는 혈액 중의 당의 농도가 비정상적으로 높아지는 병이다. 가벼운 당뇨병은 요당이 보이지 않는 경우도 적지않다.

혈당을 조정하는 것은 주로 췌장에서 분비되는 호르몬(인슐린)이나, 인슐린을 분비하는 췌장의 베타세포의 숫자가 뭔가의 원인에 의해 감소하거나 분비 기능이 저하되거나 혹은 인슐린에 의한 당의 섭취가 저해될(말초조직에서의 인슐린 감수성이 저하되는) 때, 혈당이 높아진

다. 인슐린이 절대적으로 부족해지는 경우(인슐린의존성 당뇨병)에는 외부로부터 인슐린을 보급하지 않으면 생명을 유지할 수 없으나, 일본인의 당뇨병의 약 90%는 인슐린의 분비부족이나 인슐린 감수성 저하(인슐린 저항성)에 의해 일어나는 인슐린비의존성 당뇨병이다.

　　당뇨병은 진행되지 않으면 무증상으로, 일상생활에도 지장을 주지않으나, 치료를 태만히 하면 중대한 장해를 초래하는 무서운 병이다. 당뇨병은 '합병증의 병'이라고 불리울 정도로, 많은 병을 동반한다. 대표적인 합병증은 망막증, 신장병, 신경장해 등으로, 성인실명자의 가장 큰 원인이 당뇨병에 의한 망막증이다. 인공투석을 새롭게 받은 환자 중에는 당뇨병에 의한 신부전증이 차지하는 비율도, 만성 계구체신장염에 이어 2위이다. 허혈성 심질환(협심증, 심근경색)이나 뇌혈관장해, 괴저 등도 일어나기 쉽게 된다. 그러나 이들 합병증은 고혈당의 정도와 지속기간에 관계된 것이므로, 혈당을 개선하고, 정확히 컨트롤하면, 합병증을 예방해, 그 진전을 늦추는 것이 가능하다.

2
전통적인 식물요법이 재평가되고 있다

• 식사요법이 기본

식사요법은 당뇨병 컨트롤의 기본으로, 균형 잡힌 식사가 권장된다. 칼로리의 50% 이상은 탄수화물(전분주체)로 먹도록 주의한다. 특히 쌀은 밀가루빵에 비해서 소화에 시간이 걸려, 혈당의 상승이 적어지니, 당뇨병 환자의 주식으로 가장 적합하다. 지방은 30% 이하로 억제해야 한다. 동물성 포화지방산은 적게 하되, 다가 불포화지방산(식물유, 어유 등)과 일가 불포화지방산(올리브유)등을 균형 있게(1대 1이 바람직) 먹는다. 단백질은 칼로리 전체의 10~20%가 원칙이다. 그리고, 비타민, 미네랄, 식물섬유를 충분히 섭취한다.

• 항 당뇨병식물

최근 당뇨병에 대한 전통적 식물요법에 대한 관심이 높아지고 있다. 일반적인 자연지향에 더불어, 의학적으로도 자연물을 이용하는 방법이 재검토되어, 그 사고방식은 영양, 의약품, 과학연구 분야에도 침투하고 있다.

당뇨병의 인슐린 요법이 시작된 것은 1922년으로, 그 이전의 당뇨병 요법의 기본은 절식요법과 전통식물요법이었다. 그러나, 인슐린의 출현으로, 기적적인 구명이 가능해 보이게 된 까닭에, 전통적 식물요법은 잊혀져 가게 되어 버렸다. 최근, 이 요법이 재검토되게 된 것은 당뇨병의 격증하는 원인이 식생활의 서구화 등 환경적 요인의 변화에 있어서, 당뇨병의 컨트롤에 관한 사고방식이 변화한 데 기인한다.

표1 미네랄과 당뇨병

아연	• 인슐린 분비 억제(당뇨병 발생 예방)
(Zn)	• 부족에 의해 { 인슐린 분비 촉진 아연 관련 항산화효소 감소 (당뇨병 합병증) • 고혈당은 췌장 베타세포중의 아연을 감소
동 (Cu)	• 부족하면 { 인슐린 분비촉진, 혈당 상승 과산화물질 증가(당뇨병 합병증)
망간 (Mn)	• 혈당 저하작용 • 부족에 의해 췌장 랑겔한스씨병(혈당 상승)
세렌 (Se)	• 인슐린 작용 • 경구 세렌으로 간에 당 신생을 해당계로 진행
크롬 (Cr)	• 혈당 저하 작용 • 부족에 의해 내당능 저하(혈당 상승)
바나듐 (VO	• 인슐린 작용 • 투여로 혈당 저하, 인슐린 저항성의 개선

전통적 식물요법에 대한 현대과학의 대처법은, 식물요법의 과학적인 연구에서 시작, 그것을 이용한 당뇨병 신약의 탐색을 지향한다. 덧붙여, 지금까지 사용된 식물 유래의 당뇨병 치료약은 비구아나이드계의 메토올민뿐이다.

전통적 항당뇨병 식물의 작용에 대해서는, 여러 과정이 생각될 수 있으나, 그 일부에 선유, 비나킨, 미네랄이 관계되어 있다는 것은 차이가 없다. 미네랄 부족은 당뇨병 환자에게 많아, 인슐린 저항성을 일으키기도 해서, 병의 증상을 악화시킨다(표1). 특히, 미네랄 중의 어떤 것은 인슐린 작용에 관계하는 보인자(촉매 같은 활동을 하는 물질)로서, 당대사의 중요한 물질이다. 아연(Zn), 세렌(Se), 크롬(Cr) 등을 보급할 때, 이상의 미네랄 결함 예에서는 당뇨병의 개선을 얻을 수 있다. 결국, 미네랄이 많은 식물을 이용하면, 혈당 컨트롤의 개선이 기대된다.

전통적 항당뇨병 식물은, 당뇨병에 합병하기 쉬운 병, 즉 고지혈증, 고혈압, 동맥경화증 등의 예방이나 진전방지에도 작용한다. 예컨대, 양파, 마늘 등의 지질 저하작용 등이 그렇다. 당뇨병의 합병증 자체도, 이 항당뇨병식물의 표적이 된다. 예컨대, 월견초유의 감마 리놀렌산은 당뇨병의 신격 전도장해에 유효하다고 알려져 있다.

오늘날, 25만종의 고등식물 중에, 식물화학, 약학 상, 상세히 연구되어 있는 것은 1%도 되지 않는다. 당뇨병 치료에 유용하다고 생각될 수 있는 1000종 이상의 식물 중에, 상세한 과학적 검토가 가해질 수 있는 것은 일부뿐이지만, 이들 식물의 기능성(건강증진, 병의 예방, 개선 작용)을 꾸준히 연구해 보면, 최종적으로는 새로운 당뇨병약의 원형을 만들 수 있지 않을까 생각한다.

영국의 당뇨병에 대한 전통적 치료에는, 허브, 스파이스, 야채, 과일, 차 등이 이용되었다. 야채 중에는 특히, 양배추, 까치콩, 양상치, 양파, 완두콩, 감자, 옥수수, 순무 등이 많이 사용됐다. 이들 야채는 섬유가 많아서, 장에의 당 흡수율을 저하시킬 수 있다고 생각될 수 있으나, 섬유 이외의 추출에도 혈당을 저하시키는 성분이 있다는 것이 건강상태와 당뇨병상태의 동물에게서 입증되어 있다. 그러나 사람의 당뇨병에도 똑같이 유효하다는 것을 입증하지는 못한 상태이다.

다만, 양파에 대해서는, 지금까지 많은 연구자로부터 혈당 저하 작용이 있다고 보고되고 있다. 그 중 몇 연구에 의하면, 두 종류의 휘발성의 디술파이드 추출물(알킬 프로필디살파이드와 디아릴디살파이드 옥사이드)에 인간의 2형당뇨병(인슐린비의존성당뇨병)에 혈당을 저하시키는 작용이 있다고 증명되어 있다. 그림1과 같이 건강한 쥐에게 양파 농축수용성 추출물을 경구투여하면, 혈장중의 인슐린양을 변하지 않게 한 채, 식후의 혈당상승이 억제된다. 더욱이, 스트레프트조토신에 의해 현저한 고혈당을 발생시킨 당뇨병 쥐에게도, 이 양파 추출물을 장기간 투여하면, 역시 혈당 저하작용이 확인된다. 같은 파에 속하는 마늘에도 혈당 저하작용이 있으나, 경증의 당뇨병의 경우에만 효과가 있는 것 같다.

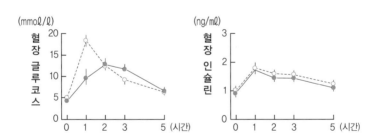

그림1 건강한 마우스(쥐)에 대한 양파 투여시의 혈장과 인슐린
(Swanston-Flatte et al. 1991)

각종의 키노코에도 항당뇨병 작용이 있다고 얘기되고 있어서, 스트레프트조토신 당뇨병 쥐의 혈당 저하작용, 인슐린 저하의 지연작용이 보고되어 있다.

사과, 레몬, 라임, 라즈베리 등의 과일은 전통적으로 당뇨병 환자의 식사요법상, 좋다고 여겨져 오고 있으나, 대조를 통한 검토는 행해지지 않았다.

• **식물요법의 포인트**

이상, 당뇨병에 대한 전통적 식물치료를 서술해 왔으나, 확실하게 혈당작용이 있어서, 일상의 식사에 이용되고 있는 식물이라면, 당뇨병식으로서 적극적으로 먹는 방법이 좋다.

구체적으로는 다음과 같이 생각할 수 있다.

① 식사요법만으로의(약을 사용하지 않고) 2형당뇨병(인슐린비의존성 당뇨병) 환자에게는, 그런 음식을 많이 먹는 것은 유익해서, 인슐린 저항성의 방지가 기대된다.

② 이미 경구 당뇨병약의 치료를 받고있는 환자에게는, 이런 당뇨 저하작용을 갖고있는 식물을 함유한 식사를 말끔히 한 양으로 먹으면, 역시 유익하다. 다만, 약제와의 상승작용의 가능성, 즉 다시 말하면 혈당의 저하(저혈당)의 위험성은 인식해야 한다. 그러나 이런 혈당 저하작용은, 일반적으로는 그렇게 강하지 않아서, 중대한 저혈당을 발생시키는 일은 거의 없다. 반대로, 경구 당뇨병약을 줄이거나 중지하는 일도 가능하지 않을까 모르겠다. 사실, 나중에 서술하겠지만, 저자의 양파 임상시험(제2회)에서도 약제를 중단한 사례가 여섯 차례나 있다.

③ 인슐린 주사를 필요로 하는 당뇨병환자의 경우에는, 당연히, 저혈당의 문제는 평생 따라다니므로, 엄중한 감시가 필요하다. 보통 식사로 먹는 양이라면 염려가 필요 없으나, 대량으로 장기

간 먹게 된다면, 반드시 안전하다고 말할 수 없다. 균형 잡힌 식사에, 유용한 항당뇨병식물을 적당히 첨가해 먹으면, 병의 증상 컨트롤에 우수한 효과가 기대된다.

이상의 점에서 생각해서도, 지금부터 서술할 양파는 어떤 음식에도 유익해서 안전하고 효과가 확실한 제1급의 항당뇨병 식품이라고 말할 수 있다.

3
양파의 혈당저하 작용과 합병증 예방에 관한 많은 보고

　　양파의 추출물에 혈당을 조절하는 작용이 있다는 것을 최초로 발견한 것은 캐나다의 콜립(표2의 1, 1923년)이다. 췌장을 적출한 개에게 당뇨병 상태를 만들어, 그 상태로는 수일 내에 죽을 경우였으나, 양파 추출물을 3회 주사하는 것으로66일 동안 생존시켰다. 그 사이, 혈당은 조절됐다고 보고하고 있다.

표2 양파와 당뇨병(DM)

① Collip JBG. (1923)

　　췌장 제거견　　→　　수일내 사망
　　(DM상태)　　　→　　66일 생존(혈당은 컨트롤 되었다)
　　　　　　　　　　　양파 추출물 주사(3회)

② Jain RC& Sachder KN. (1971)

　　　　　　　　　　　　　식후 2시간 혈당
　　{ 건강인 20명　{ 물　　　{ DM환자
　　{ DM환자 20명　{ 양파주스　{ 건강인

③ Jain RC et al. (1973)
　　토끼의 포도당 부하시험(양파주스 25그램으로 고혈당 ⬇)

④ Mathew PT & Augusti KT. (1975) ──────── 그림2
　　DM환자 3명, 50그램 양파주스로 혈당 ⬇
　　┌ 물(컨트롤)　　식후에 75~90mg/㎗ ⬆ ┐
　　└ 양파주스　　식후에 25~50mg/㎗ ⬆ ┘

⑤ Sharma KK et al. (1977) ──────── 그림3
　　당 부하후 30분, 1시간의 혈당은 양파 용량의존적으로 ⬇

⑥ Augusti KT & Benaim KE. (1975)
　　아릴프로필디술파이드 (APDS : C_3H_5-S-S-C_3H_7)
　　… 양파성분
　　6명의 건강인에게 투여, 4시간 후의 혈당 ⬇, 인슐린 ⬆

⑦ Karawya MS et al. (1984) ──────── 그림4
　　양파의 디페닐아민의 항고혈당작용

⑧ Kumari K et al. (1995) ──────── 그림5
　　아록산 당뇨병쥐, 200밀리그램/킬로그램 체중의 SMCS
　　(S-메틸시스틴술옥사이드)
　　45일간 경구투여 -> 혈당 ⬇ 뇨당 ⬇

⑨ Babu PS & Srinivasan K. (1997) ──────── 그림 6, 7
　　스트레프트조트신 당뇨병 쥐, 양파로 혈당 ⬇, 신부전증 개선

⑩ Babu PS & Srinivasan K. (1999)
　　스트레프트조트신 당뇨병 쥐, 양파로 당뇨병성 신부전증
　　개선(뇨, 신장 조직중의 효소분석, 신장조직의 병리학적 분석)

────────────────────────────────────

　　　　인도의 제인과 자흐더(표2의 2, 1971년)는 정상인, 당뇨병환자
20명씩에게 식사와 함께 100 밀리리터의 물 혹은 100 그램의 양파주
스를 마시게 해서 식후 2시간의 혈당치를 비교했을 때, 물의 경우에
비교해, 양파주스를 마신 사람에게는 당뇨병환자는 혈당이 저하되고,

정상인은 변화가 확인되지 않고 있다. 결국, 당뇨병에의 식후 고혈당을 양파가 억제한다는 것이다.

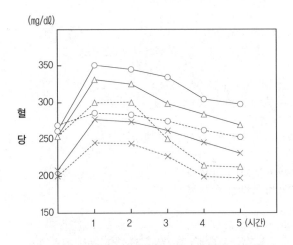

(Mathew PT&Augusti KT. 1975)

그림2 당뇨병 환자의 혈당에 대한 양파 효과

영국의 매쉬와 오가스티(표2의4, 1975년)는 당뇨병환자 3명(남자 2명, 여자 1명)에게 50 그램의 양파주스와 물을 마시게 해, 동시에 식후 혈당치 변화를 검토했다(그림2). 물의 경우는 75~90 밀리그램/데시리터 혈당이 상승한 데 대해, 양파주스의 경우는 25~50 밀리그램/데시리터가 밖에 상승하지 않아, 물에 비해 40~50 밀리그램/데시리터의 저하를 나타냈다. 결국, 식후의 고혈당을 양파가 시정했다는 것이다. 식후 4시간 이내에는 혈당치는 공복시의 수치로 돌아가고 있다.

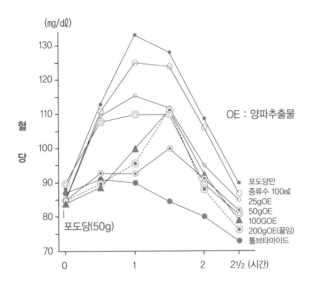

그림3 건강인(12명)에의 포도당 부하시험과 양파(Sharma KK et al. 1997)

굽타 일파의 인도의 샤마(표2의 5, 1977년) 등은 12명의 건강한 성인에게 양파의 수추출물을 먹여서, 포도당 부하시험에 의해 식후의 혈당치 변동을 비교검토했다(그림3). 양파의 추출물의 양은 25, 50, 100, 200 그램으로, 끓인(탕으로 30분) 추출물(100 그램)에 대해 검토하고 있다. 대조군에게는 100 밀리리터의 증류수, 0.25 그램의 톨브타마이드(당뇨병 약)를 사용했다. 채혈은 공복시, 50 그램 포도당 부하후 30분, 1시간, 1.5시간, 2시간, 2.5시간의 6회에 걸쳐 혈당치를 측정했다.

결과는 용량의존적으로 당 부하후의 혈당은 내려가서 대략 2시간 지속되었다. 결국, 양파의 섭취량이 많으면 많을수록, 식후의 혈당이 저하하는 것이 시사되고 있다. 게다가, 열을 가해도 혈당저하작용에 변화가 확인되지 않는다. 결국, 조리해도 양파의 혈당저하 작용은 변하지 않는다고 말할 수 있다.

　　오가스티와 베나임(표2의 6, 1975년)은 혈당저하 작용 화합물의 하나로서 양파의 휘발성 성분에 양적으로는 0.01%정도로 적은 아릴프로필디술파이드를 6명의 건강한 사람에게 투여했다. 그 결과, 혈당치는 공복시와 4시간 후에 본화합물 투여로, 75 ⇒ 63 밀리그램/밀리리터로 내려가고, 위약을 사용한 비교대조군에서는 72 ⇒ 68 밀리그램/밀리리터였다. 또, 인슐린 수치는 공복시, 4시간 후에 7 ⇒ 11 마이크로유닛/밀리리터로 상승하고, 대상군에 대해서는 8 ⇒ 5 마이크로유닛/

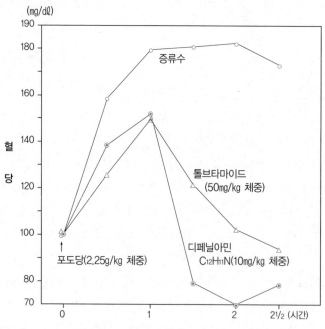

그림4 고혈당 토끼에의 디페닐아민(양파)의 작용
(Karawaya MS et al. 1984)

암도 이기는 묘약, 양파

밀리리터로 저하되었다는 보고를 하고 있다. 이 실험에서의 혈당치 저하는 근소하지만, 인슐린 수치의 상승으로부터 보면, 인슐린과 길항작용을 하는 성분(인슐린의 움직임을 방해하는 성분)의 불활성화가 초래한 인슐린 절약작용에 의한 것은 아니라고 추정하고 있다.

　　이집트의 카라이야(표2의 7, 1984년) 등은 유황화합물과는 별도로, 양파의 디페닐아민($C_{12}H_{11}N$)의 절당 저하작용을 보고하고 있다(그림4). 토끼에게 체중 1 킬로그램 당 2.25 그램의 포도당을 사전에 마시게 하고, 그 다음 증류수, 톨브타마이드(체중 1 킬로그램 당 50 밀리그램), 디페닐아민(체중 1킬로그램 당 10 밀리그램)을 경구투여시, 증류수의 경우에 비교해 톨브타마이드, 디페닐아민의 2시간 후의 혈당저하는 44.1%, 61.4%로, 당뇨병약보다 강력한 혈당저하작용을 보여주고 있다. 다만, 조리하면 디페닐아민의 양이 감소해서, 효과가 줄어든다.

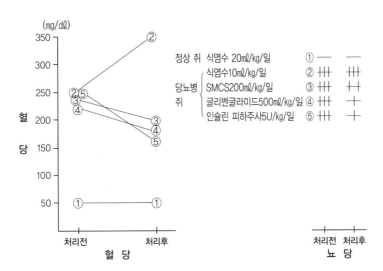

그림5 아록산 당뇨병 쥐에 대한 SMCS (S-메틸시스틴술옥사이드)
(Kumari K et al. 1995)

157

쿠마리, 매쉬, 오가스티(표2의 8, 1995년)는 양파 중의 S-메틸시스틴술옥사이드(SMCS)를 사용해, 아록산당뇨병 쥐에서 혈당 저하작용이 있다는 것을 보고하고 있다(그림5).

체중 1 킬로그램당 200 밀리그램의 SMCS를 45일간 경구투여할 경우, 경구당뇨병약(글리벤그라미드)나 인슐린의 교과에 필적하는 정도의 혈당 저하작용이 확인 되었다. 더욱, 지질대사 개선작용도 있었다고 앞에서 서술했다.

이 혈당 저하작용은 인슐린 분비의 자극작용이나 말초조직에의 혈당의 이송을 증가(인슐린 감수성의 향상)에 의한 것으로 추정되고 있다. 그래서 SMCS와 흡사한 유황화합물, S-프로필시스틴술옥사이드, S-프로페닐시스틴술옥사이드 등, 그 분해산물에도 혈당 저하작용이 있다고 생각하고 있다.

인도의 바부와 스리니바산(표2의 9, 인도 중앙식품기술연구소, 1997년)은 스트레프트조토신에 의한 당뇨병의 진전에 대한 양파와 캡사이신(고추의 매운 맛 성분)의 효과를 쥐를 대상으로 검토하고 있다. 캡사이신을 선택한 것은 타이의 마히돌대학의 몬세레메손(1980) 등의 혈당 저하작용이나 용량의존성 당 흡수 장해작용의 보고에 의한 것이었다. 양파는 얇게 썰기, 냉동건조, 분말형태로 만들어 사용하고 있다(양파분말은 마른 양파 100그램으로부터 약 12그램을 얻을 수 있다).

숫컷 위스터 쥐에게 스트레프트조토신을 주사해서 당뇨병 상태를 만들어내고, 대조군으로 캔산 완충액을 주입한 것을 준비해, 당뇨병군, 비당뇨병군으로 8주간 양파분말 3%, 캡사이신 15밀리그램을 첨가한 군, 첨가하지 않은 군을 만들어,

- 당뇨병 – 대조군　　　　　・당뇨병 – 캡사이신군
- 당뇨병 – 양파군　　　　　・비당뇨병 – 대조군
- 비당뇨병 – 캡사이신군　　・비당뇨병 – 양파군

이상 여섯개 군으로 나누었다. 그림6과 같이 당뇨병군 가운데는 양파군이 다른 군에 비해 체중의 증가를 보여주고, 공복시 혈당은 8주 후에 당뇨병군에서는 양파군이 의미있게 저하를 보여주었다.

		체중증가(g) (8주후)	혈 당(mg/dℓ)	
			투여 전	투여 8주 후
비당뇨병	대조군	194	90	98
	캡사이신군	196	94	93
	양파군	197	92	98
당뇨병	대조군	25	258	445
	캡사이신군	21	254	410
	양파군	68	256	295

그림6 당뇨병 쥐의 체중, 혈당에 대한 캡사이신과 양파의 작용

소변대사에서는, 소변중 글루코스(포도당) 배설은 당뇨병 – 양파 군에서 현저한 감소를 보였고, 소변중 알부민도 양파군에서는 감소했으며, 요중 요소배설도 감소했다(그림7). 캡사이신에는 이런 작용이 확인되지 않는다. 단지, 혈장중의 알부민의 증가, 요소 클레아티닌의 감소가 양파군에서 확인될 수 있었던 점을 종합해 고려해 보면, 양파는 고혈당의 현저한 감소와 요중의 당배설 저하로부터 보면 혈당 저하작용을 보인 것만 아니라, 신기능의 개선, 더 나아가 당뇨병성 신부전증의 개선효과도 보여주고 있다. 이 신장병에 대한 개선효과는 양파의 혈당저하작용과 콜레스테롤 저하작용에 의한 것이라고 생각하고 있다.

그들(표2의 10, 1999년)은 더더욱, 같은 스트레프트조토신에 의한 실험적 당뇨병 쥐을 이용해, 앞에 서술한 여섯개 군에 대해 각종 효소를 측정(요중효소, 신장호모제네트 중의 효소)과 신장조직의 병리학적 소견을 검토했다. 호모제네트는 세포구조를 가늘게 파괴해서 얻을 수 있는 현탁액이다.

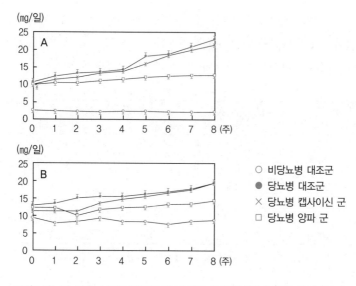

그림7 당뇨병 쥐의 소변중 알부민 배설(A)과 요소배설(B)에 대한 캡사이신과
양파의 작용   (Babu PS & Srinivasan K. 1997)

　　결과는 양파군의 쥐에서는 근위, 원위 모두, 요세관으로부터의
효소배설량이 대조군이나 캡사이신군에 비해 감소하고 있고, 장해신
장으로부터의 단백질량도 적었고, 신장조직중의 효소도 저하되고 있
으며, 신장의 막내의 나트륨(Na), 칼륨(K), ATPase 등의 활성의 현저
한 감소를 하는 등, 당뇨병에 의한 초기 신장병변에 우수한 개선작용
이 있는 것으로 나타났다. 신장조직의 병리학적 소견에서도, 당뇨병
쥐에서는 현저한 계구체경화, 요세관병변, 세포침윤이 보였으나, 양파
군에서는 이런 신장병변의 정도가 저하되어 있었고, 캡사이신군은 대
조군과 똑같이 강한 신장병변을 보여주었다.
　　당뇨법 식사요법 외에, 당뇨병의 2차 합병증에 대한 양파를 먹는
치료적 유효성이 확인됐다는 분석이다.

4
임상 시험에서 양파에는 80퍼센트의 효과가 인정되었다

양파의 '항당뇨병약'에 관한 효과에 관련된 임상시험을 저자는 두 차례에 걸쳐 시험해 보았다. 두번째는 병의 예를 늘려서, 22개 예의 당뇨병환자에게 양파 농축건조립(비타 오니온)을 1일 20립(신선한 양파로 환산하면 40 그램 상당)을 먹이고, 섭취전과 섭취후 4주간 정도에 식후 2시간이 지난 후의 혈당치와 헤모글로빈 A1c를 측정했다. 또, 11개 예에서는 혈청 인슐린치도 측정했다(표3).

혈당치 저하율 판정은

50% 이상…현저히 유효 | 20~49%…유효 | 10~19%…약간 유효 9% 이하…무효로 할 때, 현저히 유효한 예가 7개, 유효가 11개, 약간 유효가 1개, 무효가 3개로 22개의 예 중에서 19개가 유효로 판정되었다.

헤모글로빈 A1c 저하율 판정은

25% 이상…현저히 유효 | 10~24%…유효 | 5~9%…약간 유효 4% 이하…무효로 할 때, 현저히 유효가 5개, 유효가 7개, 약간 유효가 4개, 무효가 6개로, 22개 예중 16개 예(72.7%)가 유효라고 판정되었다.

[표3] 양파의 제2차 당뇨병 임상실험

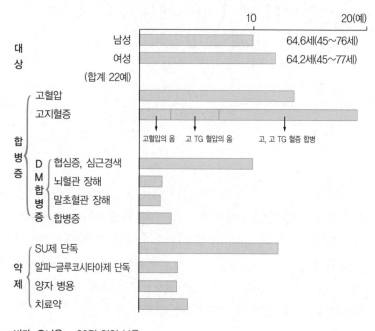

비타·오니온   20정 연일 복용

검 사 항 목   혈당치(주로 식후 2시간)

　　　　　　　HbA1c

　　　　　　　혈청지질치

　　　　　　　　　총 콜레스테롤(a)

　　　　　　　　　중성지방(b)

　　　　　　　　　HDL콜레스테롤(c)

　　　　　　　　　LDL콜레스테롤

　　　　　　　　　(b<40㎎/㎗에 있고, (a)-(c)-(b)×0.2 로 산정)

　　　　　　　인슐린치(식후 2시간)

측 정 기 간   비타 오니온 투여전, 투여후 4시간 정도(최저 20주까지)

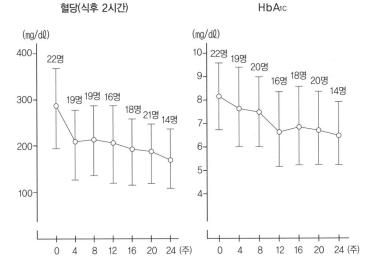

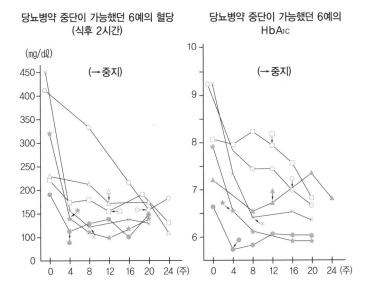

[그림8] 양파와 혈당, 헤모글로빈 A1c(HbA1c)

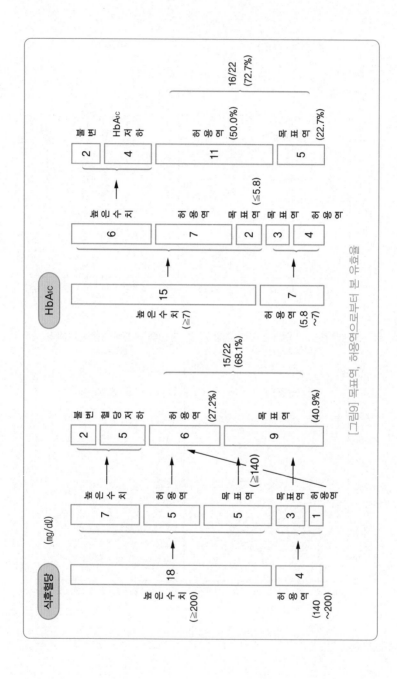

[그림9] 목표역, 허용역으로부터 본 유효율

시간이 경과함에 따른 변화(그림8)는, 혈당 저하에서는 최초의 4주에 의미있는 저하를 보였고, 이후 점점 감소해서, 특히 6주 이후에는 평균치가 200 밀리그램/데시리터가 되었다. 결국, 당뇨병 구역을 벗어나게 되었다. 헤모글로빈 A1c의 저하경향은 현저해서, 12주 이후에는 7 이하로 조절이 가능했다. 게다가, 시험 종료시까지는, 6개 예가 그때까지 복용하고 있던 혈당강하제를 사용할 필요가 없게 된 것은 특별히 기술할만한 일이다(그림8). 약 복용을 중지한 후, 일시 리바운드 현상(재상승)이 보이는 병의 예도 있었지만, 양파 농축 건조립으로 조절이 가능했다. 더욱 모든 예에서, 저혈당 발작은 보이지 않았다. 목표치, 허용치로부터 본 유효율에서도(그림9), 혈당, 헤모글로빈 A1c는 양 구역에 부합해, 약 70%의 개선을 보이고 있다.

인슐린치의 변동은 거의 없어서, 양파의 혈당 저하작용은 인슐린 분비 증가작용이 아닌 인슐린 저항성의 개선, 다시 말해, 말초조직에의 당이용 개선이나 간장으로부터의 당 신생억제가 추측되고 있다. 따라서, 저혈당을 일으키지 않아, 양파는 안전하고 우수한 항당뇨병 식품으로 평가할 수 있다.

양파는 조직의 노화(당화)를 방지한다

• 단백질의 당화란?

아미노산과 글루코스(포도당) 등의 환원당의 혼합물을 가열하면, 갈색 물질이 생성되는데, 이 반응은 보고자의 이름에 의해 메이라드 반응(또는 갈색반응)이라고 불리우며, 식품과학 분야에서 식품보존, 독성 등의 연구대상이 되었다. 이 반응은 환원당과 아미노산 또는 단백질의 비효소적(효소를 필요로 하지 않는) 반응으로, 글리케이션(당화)라고 불리우고 있다. 효소에 의한 당(糖) 사슬 결합반응은 글리케이션이라 부르는 데 대해, 이것과 구별하기 위해, 비효소적 글리케이션이라고 한다. 이전에는, 이 반응은 시험관에서만 일어난다고 생각되었지만, 1960년대에는 생체 내에서도 일반적으로 일어나는 반응이라는 것이 밝혀져, 의학분야에서도 주목 받게 되었다.

당화는 단백질에서뿐 아니라, 지질, 핵산 등에서도 일어나서, 그림 10처럼 복잡한 반응을 겪어, 최종적으로 에이지라 불리우는 물질을 생성한다. 에이지(AGE)라는 것은 Advanced Glycation Endoproducts (후기단계 생성물)의 약자로서, 노화(aging)와의 연관성으로부터 앞 문자를 따서 명명된 것이다. 생성과정에서 보아 알 수 있듯이 에이지는 단일물질이 아니고, 다양성을 갖고 있어서, 지금까지는 FFI, 피라린, 펜트시진, 크로스린 A, B, CML(카르복실메틸리진) 등이 알려져 있다.

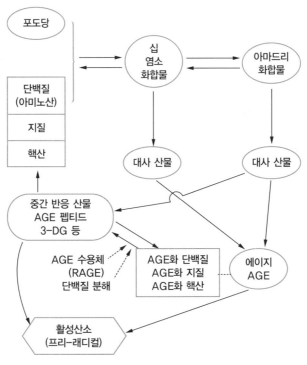

[그림10] 글리케이션의 반응 경로

• 합병증과 당화물질(에이지)

당화(글리케이션)가 주목을 받게 된 것은, 그 최종 생성물인 에이지가, 당뇨병의 여러가지 합병증에 관계되어 있다는 것이 밝혀졌기 때문이다. 에이지는 혈관 내피세포에 작용해, 혈관투과성, 혈액 응고성을 항진시키고, 또, 매크로파지나 망막색소상피세포에 작용해, 각종 사이트카인, 증식인자 생산을 증가시키며, 혈관이 새롭게 생기도록 유도해, 망막증의 진행을 촉진한다.

내피세포에서, 특이한 증식인자인 VEGF(혈관내피 성장인자)는 저산소상태로 나타나기 쉽고, 에이지와 똑같이 혈관투과성 항진작용,

167

혈관신생작용을 가져서, 당뇨병성 망막증의 발생에는 에이지와 VEGF 양쪽이 모두 관여하고 있다고 생각되고 있다.

신경장해는 대사이상과 혈류이상, 신경성장인자(NGF) 등의 신경영양인자 등이 복잡하게 결합해 일어난다. 고혈당에 의해 신경구성 단백질에 당화가 일어날 때, 신경의 축색돌기의 위축, 변성, 이탈 등이 생긴다. 당화에 의해, 활성산소의 생산이 항진되지만, 더더욱, 에이지가 내피세포의 에이지 수용체에 결합해 활성산소를 산출한다. 다만, 활성산소를 분해처리 하는 SOD(수퍼옥시드디스무타아제)도 당화돼 활성을 잃기 때문에, 점점 활성산소가 증가한다.

매크로파지는 에이지를 먹어치워 분해하나, 한편, 수용체를 개입시켜 각종 사이트카인이나 성장인자를 분비해, 신장의 메산기움 세포를 증식시키고, 더더욱, 메산기움 세포로부터 각종 기질의 분비증가를 촉진시킨다. 단지, 메산기움 세포에도 수용체가 있어서, 이것을 개입시켜 사이트 카인, 증식인자의 생산을 촉진해, 그 결과, 세포와 기질 생산을 항진시킨다. 이 기질에 에이지가 작용하면, 기질의 단백질 사이의 결합이상이 일어나, 계구체의 구조이상, 기능이상을 일으킨다.

이상과 같이, 당뇨병의 3대 합병증(망막증, 신경장해, 신부전증)의 발생에는 에이지가 관여하고 있다.

당뇨병은 심혈관병 등의 대혈관의 동맥경화증의 중요한 위험인자이기도 하다. 제5장에서도 서술했지만, 에이지는 혈관내피세포의 에이지 수용체를 개입시켜 접착인자 VCAM-1의 발현을 촉진하기도 하고, 세포표면의 항응고구조를 억제해 조직인자를 발현시킨다. 그 결과, 혈관내면의 응고기능이 항진해 동맥경화가 촉진된다. 다시 말해, 에이지는 강한 혈전 촉진물질이다.

더욱, 에이지는 매크로파지의 에이지 수용체를 개입시켜, 각종 사이트 카인, 증식인자의 분비를 촉진시켜, 혈관 내피세포, 평활근세포의 증식이나 분화를 유도해, 동맥경화의 형성을 촉진시킨다. 혈관벽의 단백질도 에이지화를 겪어, 분자간 가교에 의해 조직의 경화를 일으키게 된다. 에이지화를 겪은 단백질은 혈관벽에 침착되어서, 더욱 경화가 진행된다.

글리케이션(당화)은 각종 혈액성분에도 작용한다. 적혈구내의 헤모글로빈의 당화는 Hb A1(헤모글로빈 A1)로 헤모글로빈 전체의 6~8%를 차지한다. Hb A1은 다시 네 개의 작은 그림으로 나눠질 수 있으나, 그 주성분은 Hb A1c로, 당뇨병의 상태에 의해 증감하고, Hb A1과 함께 과거 1~2개월 전의 혈당상태를 잘 반영하고 있다. Hb A1c의 증가는 헤모글로빈과 산소의 결합을 강하게 한다.

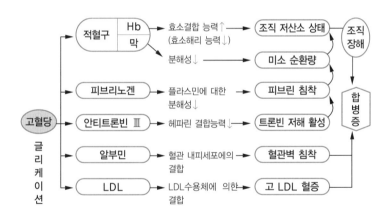

[그림11] 혈액성분의 글리케이션에 의한 당뇨병성 합병증

그것 때문에, 혈액에 의해 적혈구가 각 조직으로 운반될 때, 산소를 해리해서 조직에 공급하는 양이 적어진다. 그래서 당화 헤모글로빈의 증가(고혈당)는 체내의 각 조직에 저산소상태를 불러일으켜 장해를 주는 등, 합병증의 발생에 연관돼 있다(그림11). 게다가, 적혈구의 막단

백질의 글리케이션은 적혈구의 변형 기능을 저하시켜서 미소혈관 중을 통과하기 어렵게 만드는 까닭에, 혈액의 순환량이 감소해, 조직의 저산소상태를 더욱 악화시키게 된다.

피브리노겐(섬유소원)이나 안티트론빈III도 글리케이션을 겪으면, 그 기능이 변화해, 응고이상을 일으킨다. 당화 피브리노겐에서 생성된 당화 피브린은 그것을 분해하는 효소(플라스민)의 작용을 받기 어려워, 그것 때문에 피브린이 침착하기 쉬워지게 된다. 안티트론빈III은 피브린형성 촉진물질 트론빈의 작용을 억제하는 물질(저해작용물질)이지만, 글리케이션을 받는 동시에 조직에의 피브린 침착을 조장하게 된다. 그래서 혈액이 응고하기 쉽게 되는 것이다.

한편, 혈중 단백질의 알부민은 글리케이션을 받으면 혈관 내피세포에 의한 수확이 항진해, 알부민의 혈관투과성이 증가해 혈관벽에의 침착이 증가하게 된다. 나쁜 콜레스테롤인 LDL도, 글리케이션을 받으면 LDL수용체에 의한 수확이 감소해, LDL의 혈중 반감기가 늘어져, 고LDL혈증의 하나의 원인이 된다. 이상과 같이, 혈구, 혈장성분의 글리케이션도 조직에 장해를 주어, 당뇨병의 여러가지 합병증의 발생에 깊이 관계되어 있다고 생각할 수 있다.

더욱, 감염예방에 관여하는 혈장중의 면역 글로불린은 당뇨병환자에게는 똑같이 글리케이션을 받아, 그것 때문에 항체가가 빨리 감소하고, 항원 자극 후에 생산되는 항체가의 역가도 약하기 때문에, 감염증에 걸리기 쉽게 된다.

이상과 같이 글리케이션은, 당뇨병의 이러저런 조직장해의 발생에 관계되어 있어서, 글리케이션을 저지할 수 있으면, 조직장해 발생을 미연에 억제하는 것이 가능하게 된다. 특히 후기반응은 비가역적(원래로 돌아가지 않음)인 것이어서, 그 앞 단계에서 반응을 저지할 필요가 있다. 글리케이션 저해약은 에이지 저해약이라고도 할 수 있지만, 그 후보물질은 몇 개 열거되어 있다. 특히 히드라진 유도체의 아미노가니진에 대해서는, 당뇨병성 신부전증에서 보이는 신장기능막 비후를 저지, 단백뇨의 개선 등 많은 보고가 있어서, 구미에서는 이 약제의 대규모 임상시험이 진행되고 있다. 이 아미노구아니진은, 메이라드 반응(글리케이션)의 초기단계의 아마드린 화합물에 특이하게 경합해서, 에이지화를 강력히 저해한다. 이것은 아미노구아니진의 분자 내의 아미노기가 당으로부터의 카르보닐기와 경합적으로 반응하기 때문이라고 생각되고 있다. 그러나, 매우 높은 혈중농도를 지속시키지 않으면 효과를 얻을 수 없다든지, 부작용도 고려치 않으면 안되는 등, 미해결된 문제가 남아있다. 그 밖에 에이지를 저지하는 물질로서는, 유기계 르마늄화합물, 에이지에 대한 모노크로날 항체 등도 기대를 받고 있다.

• 양파는 유해한 당화물질(에이지)의 생성을 예방한다

양파가 당뇨병합병증, 특히 신부전증에 효과가 있다는 보고는 이미 소개했지만, 그것들은 당대사(고혈당의 개선), 지질대사의 시정에 의한 것이라고 생각되고 있다. 그것과는 별도로, 양파에 에이지 저해약 작용이 있을까 어떨까는 흥미로운 일이다. 이 점에 관하여 쿠마리(1995년) 등은 양파의 기름성분에 시험관내(인비트로)에서, 강력한 메이라드 반응 억제작용이 있다고 서술하고 있다. 농림수산성 보조사업인 '당화억제, 혈당저하 작용을 가진 양파 추출물의 기능성 식품소재로서의 이용기술 개발' 이란 보고서에서도, 쥐의 당화 알부민의 생물학적 실험계에서, 오일 그림이 당뇨병 합병증의 예방과 진전을 방지하는데 효과가 있다는 것을 시사해 주는 결과가 얻어져 있다.

결국, 양파는 당뇨병 자체를 개선(고혈압의 시정)하는 것뿐 아니라, 합병증의 예방, 치료(당화억제, 에이지 저지작용)에도 탁월한 효과가 있는 식품이라고 생각될 수 있다.

6

양파는 활성산소의 해를 예방한다

• 고혈당은 활성산소를 증가시킨다

*활성산소 : 원자 상태의 산소나 전자상태가 불안정한 산소분자.
생체 내에서는 백혈구의 살균작용 등 많은 생리 현상에 관여한다.
세포를 직접 혹은 간접적으로 상하게 하고 노화의 한 원인이 된다.

　　당뇨병 환자의 혈액 중 조직 속의 과산화물질은 건강한 사람보다 많이 축적되어 있다. 영국의 누로즈 등(1997년)은 2형 당뇨병(인슐린 비 의존성당뇨병) 환자로 혈중 과산화 지질의 증가를 보고하고 있다. 일본에서도 시가 의대의 타카하라 등(1997년)이 그림12와 같이 혈당 콜레스테롤 불량의 당뇨병환자로 인 지질의 산화 변성 물의 상승을 인정하고 있다. 당뇨병 모델 실험 쥐를 사용한 검토 결과에서도 심혈관 조직에 과산화 지질의 축적이 인정되고 있다. 따라서 당뇨병에서는 혈당의 컨트롤이 항진하게 된다.

　　그러면 어떻게 하면 활성산소가 당뇨병일 때 증가하는 것일까. 고혈당 상태에서는 단백질이 비 효소적인 당화(글리케이션glycation)가 되어 후기 당화 생성물인 에이지(AGE)가 생성된다는 것은 앞에서 기술했다. 그 복잡한 과정에서 활성산소가 산출되는 것이다. 게다가 생성된 에이지가 혈관의 에이지 수용체와 결합하여 세포 내에서 활성

산소를 산출한다는
것을 미국, 콜롬비아
대학의 얀 등(1994
년)은 보고하고 있다.
에이지와 혈관 내피
세포와 같은 세포 표
적이 반응하면 활성
산소(free radical)
를 생성하고 그것이
유전자나 기타 세포
의 성상을 변화시켜
혈관병변으로 이어

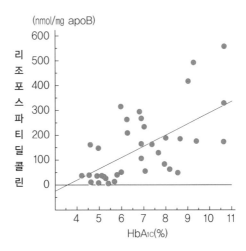

[그림12] HbA1c와 과산화지질의 리조포스파티딜콜린

진다. 이와 같이 당뇨병이나 기타 혈관병 발생에는 반응성 산소의 중간 산물이 많은 세포나 조직을 공격하는데 그 원흉인 활성 산소는 에이지로 인해 생기는 것이다.

한편, 혈당이 높은 상태가 계속되면 혈관내피세포에서는 세포 표면의 접착 인자가 과잉 출현하여 백혈구의 접착도 증가하고 백혈구가 만들어내는 활성산소도 혈관벽에서의 산화 스트레스 항진의 하나가 된다. 활성산소가 이와 같이 과잉 산출되면 지질의 과산화를 일으켜 그 결과 낳은 과산화 물질이 철, 동 이온의 존재 하에서 더욱 활성산소를 생성한다는 악순환을 일으킨다.

생체 내에는 활성산소의 발생을 방지하고, 혹은 이를 없애는 각종의 소거기구(스카벤저)가 있다는 것은 앞에서 서술했지만, 혈당이 높으면, 예컨대 SOD(수퍼 옥시드 디스무타아제) 등은 당화되어 활성이 저하되어 버린다. 당뇨병에는 이와 같이 활성산소를 소거하는 기구의 활동이 저하되어 있다. 과산화물질에 의해 생긴 과산화수소(H_2O_2)는 혈관내피에 글루타치온페록시다제에 의해 물에 분해되지만, 그 반응에 필요한 환원형 글루타치온은 고혈당의 경우, 공급부족이 된다. 자하의과대학의 栢木(백목-1997년) 등은 그림13과 같이 혈당이 상승함에 따라, 혈관 내피세포의 과산화수소 처리 기능이 저하된다고 보고하고 있다.

결국 고혈당 상태가 지속되면

① 활성산소 생산의 항진

② 활성산소 소거 기능의 저하

두 가지에 의해, 산화 스트레스가 항진한다고 말할 수 있다.

당뇨병의 혈관 합병증에는 세소혈관병변(망막, 신장, 말초신경), 동맥병변(심장, 뇌, 하지)이 있고, 전자에는 각종 사이트 카인이 관여하고 있음이 주목되고 있다. 후자의 경우는, 동맥 확장 반응에는 혈관내피가 생산하는 일산화질소(NO)의 작용이 중요하나, 산화 스트레스가 항진하면, 이산화질소와 활성산소가 반응해서 페록시나이트레이트(강력한 산화물질)가 돼, 혈관 확장작용이 저하되어 버린다.

산화 스트레스가 동맥경화를 촉진하는 과정은, 다음과 같이 생각해 볼 수 있다.

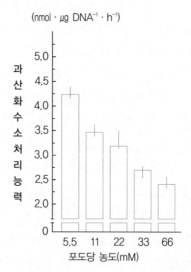

(nmol · μg DNA^{-1} · h^{-1})

[그림13] 고혈당 상태에의 혈관 내피세포에 HbA1c의 과산화수소 처리능력
(Takahara N et al. 1997)

① 혈관확장 장해

② 내피세포에 접착인자가 과잉출현

③ 사이트 카인, 성장인자의 과잉분비

• 양파는 활성산소를 제거하는 가능성이 있다

　결론적으로, 항산화물질을 이용함으로써, 당뇨병합병증의 예방, 진전방지가 기대될 수 있다(그림14). 그러나 당뇨병합병증의 예방효과를 대규모 임상시험으로 검토한 보고는 아직 없다. 현재, 북미에서는 게르슈타인 등이 HOPE연구(Heart Outcomes Prevention Evaluation, 심장전귀예방평가, 1996년)의 일부로서, 3657명의 당뇨병 환자를 대상으로 안디오텐신 변환효소 저해약과 비타민 E를 투여해,

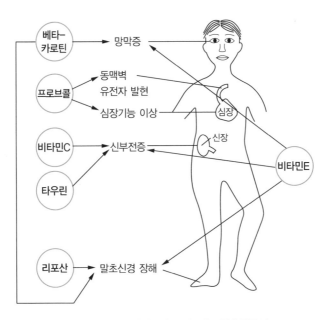

그림14 당뇨병 합병증에 효과 있는 항산화물질

당뇨성신부전증, 심혈관 합병증의 예방효과를 추적조사(4년간) 중이어서, 가까운 장래에 결과가 나올 걸로 생각할 수 있다. 다만, 동물실험에서는 당뇨병의 혈관합병증에 대해서 항산화물질이 효과적이라는 보고가 적지 않다.

어떻든, 당뇨병 환자에게는, 혈당 조절과 항산화물질의 보급 등이 합병증의 예방, 진전방지에 필수적이다. 그런 점에서, 양파는 혈당을 내려주는 함유화합물과 항산화물질(케르세틴)을 많이 함유해서, 이상적인 음식이라고 말할 수 있다.

고혈당이 계속되면, 인슐린을 분비하는 췌장의 베타세포에서 활성산소가 현저히 증가해서, 베타세포의 수가 줄고, 인슐린 생합성이 저하된다는 보고가 최근 오사카대학을 중심으로 나오고 있는 만큼, 항산화물질의 베타세포 보호효과가 기대되고, '항산화치료법'이 유망해 보인다.

제 7 장

양파는 기관지 천식에도 효과가 있다

양파추출물이 알레르기성 천식의 발작을 억제한다는 보고

알레르기성 호흡기 질환으로서 매우 일반적인 기관지천식은, 최근 20년간 세계 각국에서 발병률이 급격히 상승하고 있다. 그 원인으로는, 수많은 알레르겐(알레르기의 원인 물질)의 관여가 언급된다.

오늘날 기관지천식의 치료제의 많은 부분은 천연물에서 유래한 것이 쓰이고 있는데, 전통의학에서는 예로부터 염증성 질환의 치료에 식물 추출물이 사용되어 왔다.

양파의 항천식 작용을 최초로 증명한 것은 독일의 루드위슈 막시밀리안 대학의 돌쉬 등이다. 1983년, 그들은 지방친화성 양파 추출물이 모르모트를 대상으로 혈소판활성화인자(PAE)라는 기관지천식 유발물질의 기관지 수축작용을 억제하고, 더더욱, 사람에게도 폐의 선유아세포에 의한 트론복산(기관지천식 유발물질)의 생합성을 억제하는 것을 발견하였다.

그들은 1987년, 양파가 기관지천식에 유효하다는 과정과 어떤 성분이 활성을 갖고 있는지를 모르모트와 사람을 대상으로 검토하고 있다.

첫번째로는, 알레르겐(천식 유발 물질)을 들이마셔 일어나는 모르모트의 천식에 관하여 실험하였다. 얼린 양파 추출물을 모르모트에게 경구투여하면, 용량의 존적으로 예방적 작용이 강해지고, 체중 1 킬로그램당 100 그램을 투여하는 것만으로도, 기관지 폐색의 89%가 감소했다.

둘째로, 혈소판 활성화 인자(PAF) 1 마이크로 그램 흡입에 의한 모르모트의 반응(천식)을, 양파추출물을 경구투여 하는 것에 의해 현저히 저하(체중 1 킬로그램 당 100 밀리그램으로 66% 저하) 시켰다.

셋째로, 사람의 폐의 선유아세포에서 유래하는 칼슘이온폴에 의한 트론복산(천식 유발물질) 생합성을, 양파 추출물은 시험관내(인비트로)에서 억제했다. 결국, 트론복산 B_2는, 양파 투여 전에는 8.39 나노그램/밀리리터 생산되나, 0.1 밀리그램의 양파 추출물 투여로 5.28 나노그램/밀리리터로 저하되었다.

네번째로, 이 얼린 양파 추출물을 크로마토그래피에 의해 4장의 분화(分畵, LOE/A~LOE/D)로 분석하면, 그 중에 가장 높은 활성은 지용성 분화(分畵)의 LOE/A에서 확인된다.

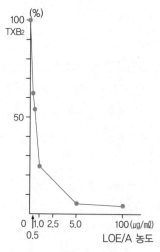

[그림1] LOE/A와 PRP와 TXB₂의
합성(지방친화성)에 대한 작용

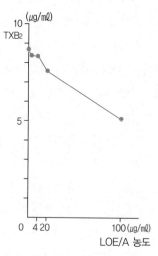

[그림2] LOE/A의 사람 선유아세포의
TXB₂ 합성에 대한 작용

이 LOE/A 분화를 이용해 여러 천식 관련현상에 대한 작용을 검토하고 있다. 그 결과, 이 분화는 사람 혈소판의 풍부한 혈장(PRP)의 트론복산B2 생합성 억제에 가장 활성이 높다는 것이 밝혀졌다(그림1). 그래서 체중 1킬로그램당 20 마이크로 그램의 LOE/A 경구투여로, 실험 모르모트(알레르겐 자극을 준 모르모트)의 기관지 천식 반응을 66.5% 감소시켜, 체중 1킬로그램당 10 마이크로그램의 LOE/A를 경구투여 하는 것에 의해, PAF 흡입에 의한 모르모트의 기관지천식을 82.5% 감소시키고 있다. 사람에게는 폐의 선유아세포의 트론복산B2 합성을 LOE/A가 농도의존적으로 억제하고(그림2), 더욱이 트론빈 자극

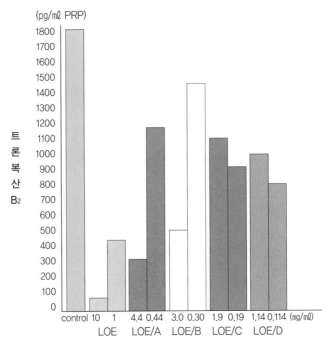

[그림3] 트론복산 자극후의 사람 PRP(혈소판이 풍부한 혈장)의
트론복산B2 생합성과 LOE

으로 혈소판은 트론복산B2를 생성하지만, 이 트론빈 자극 후의 트론복
산B2 생합성을 LOE 특히 LOE/A가 현저히 억제하고 있다(그림3).

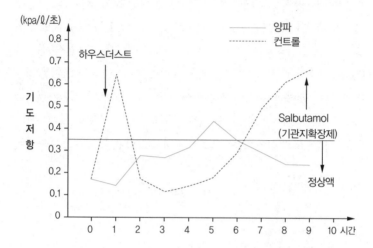

[그림4] 하우스더스트 흡입 후의 천식 발작과 에탄올 유출 양파의 경구섭취

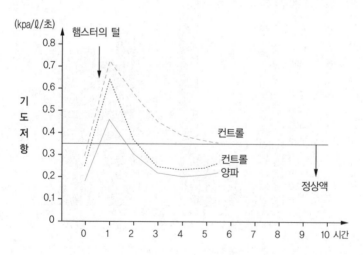

[그림5] 햄스터의 털의 유출물 흡입 후의 천식 발작과 에탄올 유출 양파의 경구섭취

사람을 대상으로 한 임상실험에서도 그림4, 그림5와 같이 하우스 더스트 흡입후의 즉시반응과 지연반응은 양파의 에탄올추출물 200 밀리리터의 경구섭취에 의해 억제되고, 햄스터 털 추출물을 흡입시킨 뒤의 천식의 즉시반응도, 똑 같은 양파 추출물 100 밀리리터의 경구섭취에 의해 억제되고 있다.

이상에 의해 양파, 특히 그 지용성 성분은 항천식 작용의 원인으로, 소량이라도 일부는 혈소판활성인자(PAF) 길항작용으로서, 일부는 트론복산B$_2$ 합성 억제 작용으로 활동한다는 것이 밝혀졌다.

2
알레르기성 천식에 유효한 양파성분

1988년, 돌쉬 등은 양파로부터 분리한 5개의 티오술파네트와 4개의 합성 티오술파네트에 돼지 백혈구의 5-리폭시게나제 억제, +사람의 다형핵 백혈구의 히스타민 방출, 로이코토리엔B4와 C4 생합성 억제, 사람의 혈소판에 의한 트론복산B_2 합성억제, 그리고 모르모트의 알레르겐이나 PAF에 의한 기관지 폐색의 억제 등의 작용이 있다고 보고해, 양파의 상천식, 항염 작용의 일부는 이 티오술파네트에 있다고 결론 짓고 있다.

그들은 얼린 양파의 에테르 추출물과 신선한 양파주스의 클로로오름 추출물(OJC)를, 10마리의 모르모트에 사용해, 알레르겐 유발 기관지 수축을 억제했는데, 이 작용은 전년도에 발표한 LOE/A보다 강력한 것이었다. 특히 신선한 양파의 OJC는, LOE보다 훨씬 강력하게 천식 반응을 저하시켰다. 더더욱 이 OJC는 혈소판 활성화 인자(PAF) 배양의 기관지 수축도 예방했다.

HPLC(고성능 액체 크로마토그라피)의 분석에 의해, OJC에는 30개 이상의 정점이 얻어지고 있다. 그들은 OJC를 회전 디스크 크로마토그라피로 4개의 분화로 나누어, 양파의 지용성 분화의 생물화학적 작용을 검토하고 있다. 분화 I, III, IV는 알레르겐이나 PAF 흡입에 의한 기관지 반응에 영향을 주지 않는 것에 대해, 분화II 만은 체중 1 킬로그램당 15 밀리그램의 경구투여로 PAF 유발 기관지 폐색을 저하시켰다. 이 분화II를 카람크로마토그래피로 5개의 아분화로 나누면, 가장 생물활성이 높은 아분화는OJCII2, OJCIII3로, 사람 혈소판의 트론복산 생합성을 용량의존적(양이 많을수록 강해지는)으로 감소시켰다.

각 아분화 활성성분은 3개의 중요한 정점으로 확인되는데, 그 주요성분도 특정되었다. 가장 활성이 있는 성분은 티오술피네이트와 디체탄 유도체, 두 타입의 화합물이었다.

티오술피네이트는, 돼지의 5-리폭시게나아제 활성과, 사람 혈소판의 트론복산B2 생합성을 용량의존적으로 억제해, 알레르겐, PAF 유발 천식반응을 모르모트실험에서 현저히 억제하고 있다. 디체탄 유도체의 경우는 티오술피네이트와 같은 항천식작용은 확인되지 않았다.

다음으로 합성에 의해 만들어진 티오술피네이트에도 같은 생물화학적 활성이 있을까를 다음의 4가지 성분으로 나눠 검토하고 있다.

· 디메틸티오술피네이트
· 디페닐티오술피네이트
· 디(2-프로페닐)티오술피네이트(아리신)
· 디프로필술피네이트

검토한 실험항목은 다음 6개이다.

① 돼지 백혈구 5-리폭시게나아제

② 사람 말초혈백혈구의 로이코톨리엔B4, C4를 억제

③ 트론빈 자극에 의한 트론복산B2 생합성 억제

④ 사람 말초혈백혈구의 히스타민 방출 억제(아토피 환자에게 방출이 많다)

⑤ PAF 유발 기관지 폐색 억제

⑥ 알레르겐에 의한 기관지 폐색의 저하

3번째의 티오술피네이트의 아리신은 생체내(인비보)에서 현저한 항천식작용을 보이지 않았던 것은, 불안정성에 의한 것이라고 생각할 수 있다. 그림8은, 디메틸티오술피네이트의 ⑤의 작용을 보여주고 있다.

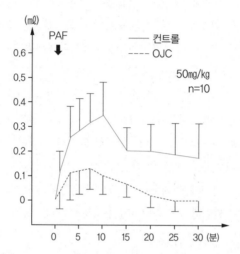

그림8 모르모트 경우의 PAF유발성 기관지폐색과 디메틸티오술피네이트

이상의 실험에 의해, 티오술피네이트가 주가 된 항천식물질에 있다는 것이 밝혀졌으나, 단순작용에 의한 것이 아니라는 것도 판명되었다. 합성 티오술피네이트의 구조, 활성도도 복잡하나, 활성의 중심은 -S(O)-S 분자라고 생각할 수 있다.

더욱, 돌쉬 등은 알파, 베타 불포화 티오술피네이트의 분리에 성공하고, 양파주스의 클로로포름 추출물도 액상 크로마토그라피로 분해해서, 불포화 알파 술피닐디술파이드 6 종류를 발견해, 이 성분을 세파엔(Cepaenes)이라고 명명했다. 이것은 양파의 학명 아리움 세파에 의해 붙인 것이다. 세파엔에는 세파엔1, 세파엔2A, 세파엔2B, 세파엔3, 세파엔4A, 세파엔4B가 있고, 세파엔3, 4A, 4B는 세파엔1, 2A,

2B의 편광이생체이다. 이상의 세파엔 종류는, 히시지 정낭의 미크로좀의 사이클로옥시나아제와 돼지 백혈구의 5-리포옥시게나아제를 억제한다. 일본의 河岸(하안) 등은 세파엔에 혈소판 응집 억제 작용이 있다는 것을 1988년에 보고하고 있다.

1990년에 돌쉬는 양파의 항천식작용은 티오술피네이트에 있다는 것과, 티오술피네이트에는 그 외에, 실험관(인비트로)에서의 실험에 의해

① 히스타민 방출　　　　② 로이코톨리엔 생합성

③ 트론복산 생합성　　　④ 다형핵백혈구의 주화성

생체내에서는

① 알레르겐

② PAF　　　　　　유발 기관지폐색, 기관지-기도 과민증

등의 억제 작용을 보고하고 있다. 본 연구에서는, 9 종류의 티오술피네이트와 4 종류의 세파엔의 억제작용 비교를, 시험관에서 아르키돈산 대사에 의해 검토하고 있다. 양파로부터 분리, 합성한 티오술피네이트와 세파엔은 모두 용량의존적으로(0.25~100 마이크로몰), 사이클로옥시게나아제, 5-리포옥시게나아제의 작용을 현저히 억제시키고 있다. 이 억제 작용의 강도는

· 사이클로옥시게나아제의 경우 : 세파엔〉티오술피네이트(알파, 베타-불포화형)〉티오술피네이트(방향형)
· 5-리포옥시게나아제의 경우 : 세파엔〉티오술피네이트

로, 후자의효소억제작용의 경우가 더 강한 결과를 보여주고 있다. 티오술피네이트는 양파 원래 모습에는 존재하지 않고, 자르거나

뭉갤 때, 효소 알리나아제에 의해 유황을 함유한 아미노산으로부터 생성된다는 것을 앞에서 서술했지만, 그 생물학적 작용에는 이중결합이 필요해서, 적어도 1개의 불포화 혹은 방향기를 가진 티오술피네이트가 강력한 억제 작용을 갖고 있다. 알키돈산 대사의 5-리포옥시게나아제와 사이클로옥시게나아제의 경로를 방해하면, 로이코톨리엔, 프로스타글란딘, 트론복산과 같은 염증활성이 극히 높은 매체(미디에이터)의 생합성을 감소시킨다. 양파의 항천식성, 항염증성의 많은 부분은 이상의 시험관에서 확인된 작용에 의한 것이다.

세파엔은 사이클로옥시게나아제, 5-리포옥시게나아제의 양 효소에 대해 최고로 강한 활성을 가진 억제물질이나, 두 개의 이중결합을 가진 세파엔(세파엔 2, 4)의 경우는 1중결합의 것(세파엔 1, 3)보다 활성이 높다는 것이 밝혀져 있다. 그러나 양파 추출물 중의 세파엔 농도는 낮기 때문에, 세파엔의 항천식 작용에 대해서는 현재 높이 평가되지 않고 있다.

3
알레르기성 천식에
효과적인 양파의 먹는 법

세파엔은 티오술피네이트에서 만들어지기 때문에 티오술피네이트와 마찬가지로 양파 본래의 구성 성분은 아니다. 어느 쪽 성분도 효소의 작용으로 유황을 함유한 아미노산에서 생성되기 때문에 그 비율은 양파 소재의 작용 과정에 크게 관계하고 있으며 금후의 연구 과제이기도 하다.

양파의 항 천식 작용을 기대하기 위해서는 혈전 예방(특히 항 혈소판 작용)의 경우와 마찬가지로 양파를 잘라서 바로 조리하지 말고 잠시 두어서 알리나제(allinase)의 효소를 충분히 작용시켜 티오술피네이트가 형성된 후에 조리하거나 날 것으로 먹는 것이 바람직하다.

또 기타 양파의 추출물인 아데노신(adenosine), 알리인(alliin), 사이클로알리인, 케르세틴에 관해서도 검토되고 있으나 이들의 성분에는 항 천식 작용은 없는 것 같다. 활성 지용성 추출물 중에는 존재하지 않는 점도 수긍할 수 있다.

제8장

양파에는 항 염증 작용,
항 바이러스 작용도 있다

살균, 항 바이러스 작용에 관한 많은 보고

유명한 프랑스의 파스퇴르(1858)는, 양파 추출물 중의 프로필프로판티오술피네이트, 메탄티오술피네이트, 그리고 티오술피네이트에 항미생물작용이 있다고 보고하고 있다. 다만, 마늘에 함유된 아리신의 항균력보다는 약하다고 서술하고 있다.

우크라이나 과학아카데미의 드미트리에프(1989년) 등은 양파 중에 함유된 항생물질적 성분의 일군을 검출해서 '치불린'이라고 명명하고 있다. 이 성분분석은 크로마토그라피, 프로톤마그네틱레저넌스(PMR) 등을 이용해 검토하고 있는데, 이들에게는 공통의 구조성분이 있고, 특히 술포옥사이드군, 비결합성의 카르보닐(CO)와 수산화(OH)군 등이 확인된다. 치불린(Tsibulin)의 치불(Tsibul)은, 우크라니아어로 양파를 지칭한다.

독일의 돌쉬(1990년) 등은 양파 추출물 가운데 티오술피네이트, 세파엔과 7종의 합성 티오술피네이트는, 용량의존적으로(0.1~100 마이크로몰의 농도로) 포르밀메티오닌-로이신 페닐알라닌(fMLP)에 의해 일어나는 인간 백혈구의 주화성을 억제하는 것을 보고하고 있다. 방법은 42명의 건강한 사람의 혈중 백혈구를 분리해, 조직배양법으로 양파 추출물이나 합성화합물을 함께 넣어, 백혈구의 주화성을 조사하고 있다(그림1). 이 검사의 농도에는 독성은 확인되지 않고 있다. 양파 추

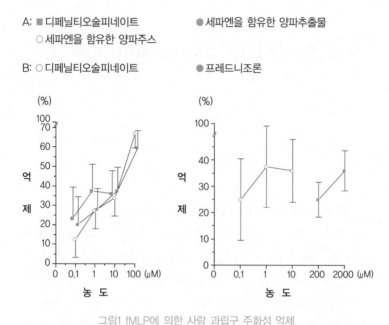

A: ■ 디페닐티오술피네이트 ● 세파엔을 함유한 양파추출물
　 ○ 세파엔을 함유한 양파주스

B: ○ 디페닐티오술피네이트 ● 프레드니조론

그림1 fMLP에 의한 사람 과립구 주화성 억제

출물, 특히 티오술파네이트와 세파엔은 혈구의 주화성을 막았던 것에
의해, 염증세포 침입 저지, 결국 항염증성이 있다는 것이 증명되었다.

　　이집트의 조리(1995년) 등은 양파기름의 살균작용, 항피부계상균
(진균의 일종) 작용에 대해, 4종류의 그램양성균, 4종류의 그램음성균,
9종류의 피부계상균에 대한 발육 억제작용을 디스크확산법으로 검토
하고 있다. 그램양성균은 4종류 모두를 억제했으나, 그램양성균은 폐
렴한균과 대장균만을 억제시켰다. 피부계구균에는 200 ppm의 양파
기름에 3종류가, 500 ppm에 2종류가 완전한 발육 억제를 보였다.

　　이상과 같이 많은 세균이나 진균의 발육을 양파 성분은 억제하고
있다. 이것은 티오술피네이트 등의 유황을 함유한 성분에 의한 것이라
고 생각할 수 있다.

한편, 양파 중의 플라보노이드(케르세틴)의 항염증 작용, 항바이러스 작용도 잊으면 안된다. 앞에서 서술한 바와 같이 케르세틴을 처음으로 하는 플라보노이드의 항염증 작용은, 알키돈산 대사의 최종산물인 로이코톨리엔과 관계가 있다. 이것은 불균형상태가 되면 염증성 반응을 일으켜, 기관지천식, 알레르기성 비염, 관절 류마치스, 염증성 장질환 등이 발생한다. 케르세틴에는 폐나 장에 있어서의 비만세포의 반응성의 히스타민 방출을 억제하는 작용도 있으나, 플라보노이드가 많은 식사를 섭취하는 것이 이상의 병을 예방, 치료할까를 말한다면, 확실한 증거는 아직까지 없다. 다만, 케르세틴이나 다른 플라보노이드는 로이코톨리엔 합성을 억제해, 히스타민 방출을 억제하는 까닭에, 염증에 대해, 그것을 경감, 완화하는 것이 가능하다. 케르세틴을 시초로 해서 많은 플라보노이드는, 매크로파지의 탐식작용의 억제, 비만세포의 활성화의 억제, 백혈구의 활성산소 방출 억제 등에 의해, 비특이성 면역반응에 영향을 주고 있다. 한편, 비특이성 면역계의 반응은 복잡하다. 플라보노이드의 작용에는 두 가지 특성이 있다. 결국, 낮은 농도에서는 임파구의 증식, 기능을 자극하고, 고농도에서는 반대로 억제한다.

항염증 반응에 중요한 것은, 플라보노이드는 백혈구의 항세균작용을 활성화 하는 까닭에, 간접적으로 항세균 작용을 도와주고 있다는 것이다.

더더욱, 전술한 바와 같이 플라보노이드는 어떤 종류의 바이러스 복제를 막아, DNA, RNA, 폴리메라아제 활성을 억제하는 등, 항바이러스 작용을 한다. 게다가 인터페론이나 조직괴사인자(TNF) 등의 항바이러스 활성을 증강하는 힘도 갖고 있다.

마늘도, 많은 세균에 대한 살균작용이 있다. 미국의 로이터(1996년) 등의 보고에 의하면, 그 항균작용은 다음과 같다.

① 대장균, 녹농균, 살모넬라, 칸디다, 크레브시에라, 소구균, 황색포도구균에 유효

② 항생물질 저항성이 있는 균에 유효

③ 항생물질과의 병용에 효과가 증강

④ 마늘 저항성(불응성)은 없음

⑤ 미생물의 톡신(독성) 생산을 예방함

마늘의 항생물질적 활성의 과정은

① SH효산의 산화에 의해 발육을 저지(세균의 효소중의 SH)

② RNA 합성 억제

③ DNA, 단백질 합성의 부분 억제

등이 열거되나, 그 활성은 아리신이나 다른 티오술피네이트에 있다고 생각되고 있다. 양파의 살균작용의 과정도 똑같이 있다고 생각할 수 있다.

위암, 위궤양의 원인이 되는
필로리(pylori) 균에도 유효

　　살균작용으로 흥미 있는 점은 필로리균의 시험관 안에서의 마늘
추출물에 대한 감수성이다. 전술한 바와 같이 필로리균은 위암의 발생
에 관련한 세균이다. 파 종류에 속하는 야채를 많이 섭취하면 위암의
발생이 적은 것은 필로리균의 억제 작용에 의한 것이라 생각되고 있는
데 미국의 프레드 헌틴슨 암 연구센터의 시바무라 등(1997년)은 마늘

표2 필로리균, 황색 포도구균 발육과 마늘추출물의 티오술피네이트 농도

티오술피네이트	황색포도구균	필리리균
160	+	−
80	+	−
40	+	−
20	+	+
10	+	+
5	+	+
2.5	+	+
1.25	+	+
0.6	+	+
0.3	+	+

+ : 발육　　　　　− : 발육 안함

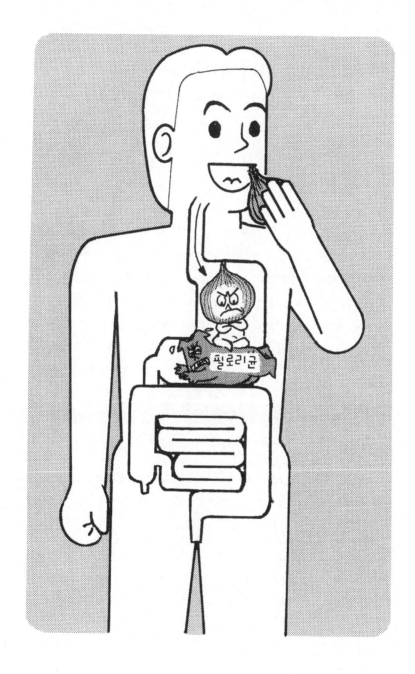

수용 추출물(티오술피네이트 주성분)에 필로리균에 대한 감수성이 있어 최소 억제 농도는 40매크로 그램/밀리리터로 마늘 두 조각(5그램)에 상당한다고 한다(표2). 문헌 상 일반에게는 마늘의 추출물로서의 균에 대한 억제 농도는 1밀리그램/밀리리터 이상인데 이 실험에 의하면 상당한 저농도에서 필로리균 발육을 억제할 수 있는 것이다.

　이와 같이 필로리균에 유효한 것은 균 세포막 성분 중에 리피트 성분이 많다는 것이 관계하고 있는 것 같다. 양파에 위암의 발병을 억제하는 현저한 작용이 있다는 것은 앞에서 설명하였지만 양파에도 마늘과 마찬가지로 유황성분이 많기 때문에 필로리균에 유효하다는 것은 충분히 생각할 수 있다.

제9장

양파는 골다공증에 가장
효과가 있는 식품이라는 최신보고

1
골다공증에는 칼슘보다
양파가 유효하다는 뜻밖의 사실

일본에서 근래 증가하여 자리 보존하여 누워 있게 되는 주요 원인의 하나로서 사회적으로 문제가 되어 있는 병에 골다공증이 있다. 이 병은 골량이 감소하여 골조직 구조의 변화로 인해 뼈가 약해져서 걸핏하면 골절된다. 뼈는 항상 파골 세포에 의해 일부가 흡수되고 조골세포가 다시 그 흡수 부위에 뼈를 형성하는 사이클(뼈 리모델링)로 다시 만들어지고 있다. 일반적으로 골대사에서는 한 사이클의 골흡수 양과 골형성 양은 거의 같고 골량의 큰 변화는 가져오지 않는다. 그런데 여성은 폐경 후, 골흡수, 골형성이 상승하여 특히 골흡수 항진이 현저하기 때문에 골량의 저하를 가져온다.

골다공증의 위험 인자로서는

① 나이 먹음

② 여성 호르몬(에스트로겐)의 결핍 : 특히 폐경 후의 결핍

③ 기타 : 유전, 영양(칼슘 부족, 알코올, 카페인 등),
　　　　　생활습관 (흡연, 운동부족, 일광욕 부족),
　　　　　질환 (당뇨병, 관절 류마티스, 갑상선 질환 등),
　　　　　와상 안정, 약물 (부신피질 스테로이드)을

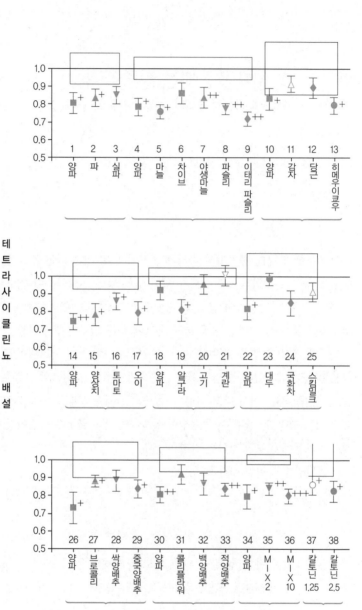

그림1 골흡수에 대한 각종 식품의 효과

테트라사이클린뇨배설

암도 이기는 묘약, 양파

204

들 수 있다. 따라서 ②에 대해서는 호르몬 보충요법이나 약물요법이 행해진다. ③에서는 충분한 칼슘의 섭취, 적당한 운동, 일광욕(자외선을 쪼이면 피부에 비타민D가 생성, 흡수되어 간장, 신장을 거쳐 활성형으로 되며 소장에서 칼슘이나 인(燐)의 흡수를 촉진한다) 등이 필요하다.

그러나 칼슘이 많은 유제품을 섭취해도 대퇴골절의 위험도에는 효과가 적다든가, 에스트로겐(여성 호르몬)의 대체요법으로서 권해온 피트에스트로겐이 많은 콩을 섭취해도 반드시 유효한 것은 아니라는 보고도 있다.

스위스의 벨른 대학의 뮤르바우엘 등(1999년)은 각종 야채나 기타 식품 재료를 사용하여 실험용 쥐의 골대사를 검토하고 있다. 그 결과 수컷 쥐에 매일 1그램의 양파 건조 분말을 4주간 섭취시키자 뼈의 미네랄 함유량은 약 18퍼센트, 골피질의 두께는 평균 약 15퍼센트, 뼈의 미네랄 밀도는 14퍼센트 증가했다고 보고하고 있다.

그림1은, 사람이 먹는 14 종류의 야채가 쥐에게 의미있게 골흡수를 억제한다는 것을 나타내고 있다. 쥐에게는 1 그램의 건조 식자재를 포함한 동일한 식사량을 투여한다. 35(M-×2)는 양파와 이탈리아 파슬리, 각각 500 밀리그램을 섞은 것을, 36(M-×10)은 양상치, 토마토, 오이, 무, 양파, 마늘, 그 밖에 모두 10 종류의 각각 100 밀리그램을 혼합한 것을 보여주고 있다. 윗쪽의 사각형은 미치료 대조군의 95% 신뢰구간을 나타내고 있다. 양파를 전식료품에 대한 양성대조군으로 사용해, 사전 투여한 H 표지 테트라사이클린의 소변중 배설량을 측정해서, 치료/대조의 비율을 나타냈다. 그림1에서 알 수 있듯이, 대두(23), 동물성 식품[고기(20), 계란(21), 스킴 밀크(25)]에는 골흡수 억제효과는 없고, 그 밖의 많은 것은 유의미하게 골흡수를 억제하고 있다.

칼시토닌(37,38)은 골흡수나 골의 대사회전을 억제해서 골량의 저하를 막아주는 약제로, 정종, 장어 등이 활성이 높고, 반감기가 길어서, 합성펩티드가 많이 사용되고 있으나, 쥐에게 체중 1 킬로그램당 1.25 국제단위(37), 2.5 국제단위(38)을 사용해, 똑같이 골흡수 억제가 확인된다.

폐경 후의 여성에게 골다공증이 가장 많이 일어나고 있는데 난소 적출 쥐로 골흡수에 대한 양파 효과를 검토하고 있다. 우선 난소 적출 쥐는 난소 비 적출 쥐에 비해 골흡수가 약 32퍼센트 증가했다. 양파를 하루 30~150밀리그램 투여하자 용양 의존적으로 (양이 많을수록) 골흡수는 억제되고 최대량으로는 약 25퍼센트 감소하고 있다. 요컨대 양파는 수컷 쥐에서 골흡수를 억제할 뿐만 아니라 에스트로겐이 없어진 암컷 쥐에서도 골흡수를 억제할 수 있었다. 게다가 그 최대 효과에 도달하는 것은 양파도 칼시토닌(calcitonin)도 섭취 6~12시간 후다.

사람에서도 양파를 비롯한 이와 같은 야채를 적당량을 섭취함으로써 골다공증의 발생을 확실히 게다가 비용을 들이지 않고 감소하고 혹은 그 진행을 저지하는 것이 기대될 것 같다.

2
양파로 골다공증 환자의 증상이
현저하게 개선되었다

저자는 골다공증이 현저한 환자에게 양파 농축 건조립(비타 오니온)을 30정 매일 복용시켜서, 7개월 전후에 골량, 골형성 마커(marker), 골흡수 마커의 변화를 검토했다. 농축 건조립의 30정은 신선한 양파 약 60그램에 해당한다. 환자는 복용 개시 당시 71세의 여성으로, 1년 전에 골다공증과 타박에 의한 좌상완부 골절로 수술을 받고 있었다.

골량측정은 왼손 제II중수골 X선 촬영에 의한 DIP법으로 했는데, 그림2와 같이 동성, 동연령의 평균치의 70%로 현저히 감소해 있었다. 그러나 7개월 후의 골량은 평균치의 90%로 현저히 상승해, 정상범위의 하한치 근처까지 도달해 있었다.

더욱, 골형성 마커는

· 골형 알칼리포스파타아제는 40 유닛/리터로부터 35.35 정상화
· 오스테오칼신은 14.8 나노그램/미리리터로부터 10.4로 역시 정상화

골흡수 마커는

· 디옥시필리디놀린은 8.4로부터 7.2로 정상화
· I형 콜라겐 N단 테로펩티드(뇨)는 46.0으로부터 25.4로 감소를 나타냈다.

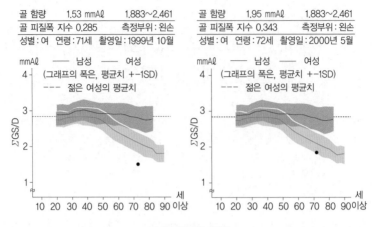

골 함량	1.53 mmAℓ	1,883~2,461	골 함량	1.95 mmAℓ	1,883~2,461
골 피질폭 지수 0.285		측정부위 : 왼손	골 피질폭 지수 0.343		측정부위 : 왼손
성별 : 여　연령 : 71세　촬영일 : 1999년 10월			성별 : 여　연령 : 72세　촬영일 : 2000년 5월		

그림2 양파와 골량

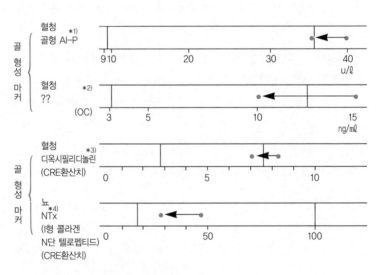

*1) 골형 알칼리포스파타아제(A1-P3) : 골아세포가 생산

*2) OC; 성숙한 골아세포가 특이하게 생산하는 골기질 단백질

*3) Dpd; 파골세포가 끝기질을 분해할 때 나타남

*4) NTx; 골흡수에서 분해되는 콜라겐 선유

그림3 양파와 골 대사 마커 (치료후　치료전)

폐경후의 골다공증에는 골흡수, 골형성의 마커 모두 상승한다. 특히 골흡수 마커는 골량과 역상관(골흡수 마커가 크면 골량은 감소) 관계여서, 골의 대사회전의 빠른 여성은 골량이 낮은 경향이 있다.

골흡수 마커가 치료전에 높은 치수를 보이는 것은 골다공증 발병의 위험인자이다.

골다공증의 치료법에는 여성호르몬의 보충이 있다. 골량이 감소하는 스피드는 치료를 천천히 하는 것은 그렇게 도움이 되지않고, 흡수, 형성 양 마커가 모두 낮아진다. 약제 치료(비스포스포네이트)에 의한 골량의 완급화 없는 골량증가도 똑같이 골흡수, 형성 마커 양쪽의 저하를 도와주지 않는다.

양파에 의해, 여성호르몬이나 약물(비스포스포네이트)에 필적하는 정도의 놀라운 효과가 얻어졌던 이유는 확실치 않지만, 예컨대, 양파에 함유된 플라보노이드(케르세틴)의 에스트로겐 작용에 의한 것이 아닐까 싶다. 향후의 검토과제이다.

제 10장

양파의 그 밖의 효용

노화방지

사람은 나이가 들며 노화된다. 그리고 여러 가지 병(성인병)에 걸리기 쉬워지며 최후는 죽음을 맞는다. 노화의 진행은 일방적으로 누구나 그 흐름을 막을 수는 없다. 그러나 노화 진행에는 개인차가 있으며, 노력하면 그것을 늦추게 될 수는 있다. '노화 방지'란 요컨대 노화 진행을 늦게 하는 것으로, 양파는 그런 점에서도 우수한 식품이다.

'노화란 무엇인가'는 과학이 진보된 오늘 날에 있어서도 어려운 문제인데 일반적으로 다음과 같이 생각할 수 있다.

① 세포의 노화 (세포 분열의 한계)

② 에이지(AGE)로 인한 노화(단백질의 당화)

③ 활성산소(프리라디칼)로 인한 노화

①의 세포의 노화는 세포의 종류에 따라 다르다. 일정 회수 분열하면 세포 자체가 분열할 수 없게 되고 죽음을 맞음으로써 거기가 생물의 개체로서의 수명의 한계라 생각되고 있다.

②의 에이지(단백질 당화의 최종 생성물---제6장 참조)는 노화에 수반하는 각종 생체 기능 저하에 관계하고 있다. 미국의 록펠러 대학의 세라미 등(1985년)은 특히 고령자의 장 반감기 단백질에는 이 에

이지가 높은 수준으로 존재한다는 것을 발견하고 노화와 당화의 관계가 주목되고 있다.

존스홉킨스 대학의 로스 등(1995년)은 쥐의 칼로리 제한에 의해 수명의 연장, 건강상태의 유지, 생리적, 행동적 기능의 지속 등의 효과를 증명하고 있다. 원숭이 등의 영장류도 마찬가지 효과가 있으며 항노화 작용의 하나로서 칼로리 제한에 의한 당화의 감소를 들고 있다.

양파에는 혈당을 컨트롤함으로써 간접적으로 에이지의 생성을 예방하는 우수한 작용이 있는데, 에이지 그 자체의 생성을 억제하는 작용도 있지 않을까 하고 생각되고 있다(제6장 참조)

노화의 ③은 활성산소로 인한 세포 내 단백질, DNA 장해에서 노화가 일어난다는 사고방식으로, 캘리포니아 대학의 헤르만 등(1988)은 연구했다. 방어기구(체내의 활성산소 소거 기구)를 빠져나간 활성산소가 서서히 세포에 손상을 준다. 그 때문에 생리 기능이 쇠퇴함으로써 노화가 생긴다고 생각하고 있다. 양파는 강력한 항 산화물질의 플라보노이드의 일종인 케르세틴을 많이 함유하고 활성산소의 발생을 억제해 준다. 또 다음에 기술하는 글루타치온에도 우수한 항산화 작용이 있다.

2
간 강화, 해독

양파에는 글루타치온부터 글루타치온 형의 아미노산이 많이 함유되어 있다. 의약품으로 이용되고 있는 글루타치온은, 생체의 산화환원평형제로, 글루타민산, 이스틴, 글리신의 3개의 아미노산으로부터 나오는 화학구조를 갖고 있다. 양파에는 글리신 대신에, 별도의 아미노산이 시스틴에 붙어 있는 글루타치온 물질이 함유돼 있다. 이 글루타치온류는, 체내에서 일어나는 각종 과산화반응이 야기하는 유해물질을 해독하기도 하고, 생성된 과산화지질을 제거해 주기도 한다.

글루타치온은 특히 간장세포 내에서 농도가 높고 많은 약물을 멜캅즐산으로 처리해 배설하고 있다. 게다가, 글루타치온페록시다아제의 존재하에서는 지질과산화물이나 과산화수소($H2O2$)를 환원 처리하는 등, 활성산소와도 직접반응해서 생체를 산화스트레스로부터 지켜준다. 이 경우, 글루타치온은 산화형 글루타치온이 되지만, 글루타치온리덕타아제와 NADPH(환원형 니코틴아미드아데닌디누크레오치도린산)에 의해 글루타치온으로 환원재생돼, 태반은 글루타치온으로 유지된다(그림1). 그러나 산화과정이 강력하면 불가역적으로 산화되어, 최후에는 타우린, 유산염으로서 소변 중에 배설되고 만다.

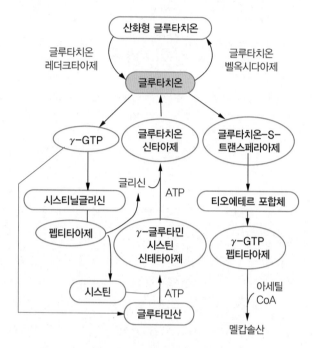

[그림1] 글루타치온 산화환원계

　　이상과 같이, 약물중독이나 만성간장병 등에 의한 간기능의 개선
상, 글루타치온의 보급이 효과가 있어서, 동물실험, 임상시험에서도
그 효과가 증명되어 있다. 이 같이 글루타치온은 체내의 산화를 막아,
세포내외의 부위에서의 산화환원을 정상적으로 유지하는 중요한 역할
을 맡고 있어서, 글루타치온이 풍부한 양파는 그 점에서도 우수한 음
식이라고 말할 수 있다.

3
안질환

척추동물의 눈, 특히 수정체는 글루타치온이 많고, 그 농도는 혈액 중의 수십 배, 간장중의 약 2배라고 알려져 있다. 눈에는 수정체, 각막, 모양체, 망막(내층), 시신경에 많이 함유되어 있으나, 특히 수정체나 각막에 고농도로 있는 이유는, 그 투명성의 유지에 있다. 글루타치온은 수정체의 혼탁을 주증상으로 하는 백내장의 원인과 중대한 관계가 있어, 백내장의 발병에 선행해서 수정체 중의 글루타치온 함유량의 감소나 글루타치온 합성효소의 활성저하가 일어나는 일이 입증되어 있다. 백내장의 예방, 진행억제에는 글루타치온이 유용해서, 양파가 권장되는 까닭이다.

각막궤양은 콜라겐 분해효소 콜라아제가 발생인자로 여겨지고 있어, 역시 각막중의 글루타치온 양의 저하가 확인된다. 글루타치온에는 각막 콜라겐 합성촉진, 콜라겐 분해효소 콜라아제의 활성저지작용이 있어서, 실험적으로도 임상적으로도 글루타치온의 유효성이 인정되어 있다. 그래서, 각막궤양의 경우에도 똑같이 양파가 응용이 가능하다.

그 밖에, 피로한 눈, 침침한 눈 등에도 양파가 효과가 있을 가능성이 인정되고 있고, 많은 체험사례에서 양파에 의한 개선효과가 보고되어 있다.

4
피부병

이것도 글루타치온의 효과로서, 히스타민 대사억제, 토끼에게의 실험적 피부염의 개선, 멜라닌 생성 저해작용 등이 확인되었다. 발진, 피부염, 두드러기, 기미 등에 유용한 것으로 생각되고, 양파 섭취에 의한 개선이 기대된다.

식물에 함유된 플라보노이드는, 식물자체를 자외선으로부터 보호하는 역할을 맡고있다. 자외선에 의한 피부장해는 피부암의 원인이 된다. 그래서, 플라보노이드(케르세틴)이 풍부한 양파는 우수한 자외선 방어, 피부장해 예방 식품이라고 말할 수 있다.

5
정신안정, 불면해소

    이 방면에 관여하는 양파 효과의 연구보고는 적은 것 같으나, 경험적으로는 잘 알려져 있어, 휘발성의 유황화합물에 신경을 안정시키는 작용이 있다고 생각될 수 있다. 편안한 수면 작용도 이 정신신경의 안정화에 의한 것이어서, 취침 시에 양파 얇게 썬 것을 베갯머리에 놓는 방법이 권장되고 있다. 적고 가벼운 타입의 불면증에는 잘 듣는다. 스트레스 해소효과도 기대된다. 스트레스를 받을 때는, 릴랙스를 나타내는 뇌파(알파파)가 사라진 상태이니, 양파 얇게 썬 것을 베갯머리에 놓고 난 후의 뇌파를 조사하면, 알파파가 증가한다는 실험이 있다. 물론, 양파를 먹는 것으로도 진정효과는 얻을 수 있다.

6
피로회복

비타민 B1은, 탄수화물 (당질)의 대사에 필요한 보효소(매개체가 되는 물질)의 성분으로서 중요한 영양소로, 이것을 분해하는 효소에 아노이리나아제가 있다. 비타민 B1은 당질을 많이 섭취할 때 필요하나, 양파나 마늘을 함께 먹으면 흡수율이 높아져서, 피로회복을 촉진한다.

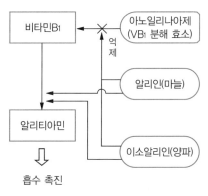

[그림2] VB1과 양파, 마늘

그 이유는, 인아리인(양파)이나 아리인(마늘)이 비타민 B1 분해효소 (아노이리나아제)를 억제하고, 더더욱 이들 성분은 비타민 B1과 결합해서 아리치아민이 되어 흡수를 촉진하기 때문이다(그림2). 비타민 B1을 쇠고기의 10배 이상 함유한 돼지고기와 양파를 조합한 돈가스덮밥 (까스동)은, 확실히 생활의 지혜이다.

비타민 B1과 양파의 조합은 신체의 피로뿐 아니라, 신경의 피로도 회복시킨다. 그래서 앞의 '스트레스해소'에도 역할을 하게 되는 것이다.

7

변비 개선

    양파의 유황성분은 대장에서 단백질이나 장내세균과 결합해서 유화수소를 발생시켜, 이것이 장의 운동촉진에 이어진다. 더더욱 양파는, 식물섬유(가용성)가 풍부해서, 이것도 장을 자극해서 장의 운동을 활발히 한다.

    양파에는 올리고당도 함유되어 있다. 일반적으로, 포도당이나 과당(프룩토스) 등과 같은 분자구조적으로 그 이상 분해되지 않는 최소단위의 당을 단당, 수개가 결합한 것을 올리고당이라고 말한다. 올리고는 적다고 하는 의미이다. 맥아당, 자당은 이당류이다. 올리고당에는 3중 결합한 3당류(말토올리고당), 더욱 4당류…수많은 종류가 있다.

    올리고당은 소화되지 않은 채 대장에 도달해서, 비피더스균을 증가시키는 작용도 갖고 있다. 현립(현에서 세운) 나가사키(長崎) 시볼트대학에서는 올리고당의 장내세균에 대한 작용을 검토하고 있으나, 올리고당의 섭취에 의해 비피더스균이 9.2%부터 일주일 후 28.7%, 삼주일 후 35.6%까지 증가하고, 유해균은 대폭으로 감소했다고 보고하고 있다. 올리고당은 비피더스균의 먹이가 되는 다른 단쇄지방산을 발생시켜 장내를 산성화시켜, 유해균의 증식을 억제한다. 또한 산에 강한 좋은 균인 비피더스균이나 유산균을 증가시키고, 단쇄지방산 자체도 장의 운동을 촉진시킨다.

양파의 올리고당은 플라크토올리고당이라 하는 자당에 1~3개의 과당이 결합한 것인데, 마늘, 아스파라거스, 우엉에 많이 함유되어 있다.

이상과 같이 양파의 변비 개선작용에는 유황화합물, 식물섬유, 올리고당(플라크토올리고당)의 3개가 관계되어 있다.

8
부작용의 걱정이 없다

표1 양파의 부작용

---

1. 소화기 증상 ⋯ 가슴통증, 산의 역류
   (특히 날로 먹었을 때)

2. 알레르기 반응
   1) 접촉성 피부염
   2) 기관지 천식

3. 갑상선종(쥐)

4. 빈혈(가축)
   소　　 : 코거 등 (1956)
   숫양　 : 칼 등 (1979)
   개　　 : 케이 등 (1983)
   고양이 : 고바야시 등 (1981)

　　양파의 부작용에 대해서(표1), 동물의 경우에는 쥐의 갑상선종 발생, 각종 가축에서의 빈혈 등이 보고되어 있다. 미국의 미시간 소아기 금연구소의 윌리암 주(1914년) 등은 개의 혈액장해(빈혈)는 양파의 N-프로필디살파이드에 의한 것이라고 하고 있으나, 양파에 함유된 배당체(사포닌)은 용혈을 일으켜서 빈혈을 초래한다는 설도 있다. 동물은 대량의 양파를 섭취할 경우, 출혈, 사망에 이른다는 것도 보고되어

있지만, 사람의 경우에는 그런 염려는 없다. 드물게, 접촉성피부염이나 기관지 천식을 일으키는 사람이 있으나, 양파 중의 티올군이 관여하고 있다고 추정되고 있다.

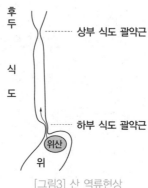

[그림3] 산 역류현상

양파섭취 시 문제가 되는 것은 위산의 역류증상으로, 특히 날로 먹을 때 보인다. 일반적으로는, 산 역류의 주된 증상은 위의 내용물이 역류하는 것으로, 그 양과 질에 관계가 있다. 결국, 산의 분비항진이다. 식도로 산이 역류하면, 하부의 식도점막이 염증을 일으키고, 점막장해와 흉통(명치 근처가 쓰리고 아픈 증상) 등의 역류증상을 유발한다(그림3). 흉통은, 식도점막의 과민성에서 유래하는 경우가 많다고 한다. 건강한 성인에게도 매우 많은 사람이 때로는 구강 내까지 산이 역류, 어떤 이는 흉통을 자각하는 일도 있으나, 치료의 필요는 없다. 그러나 빈번히 역류증상이 나타나는 경우는 병적인 것으로 생각해야 한다. 그 원인은

① 일과성 하부식도 괄약근 이완

② 식도 괄약근 기능 저하

③ 강한 복압의 상승

이다. 식도내의 산이 역류하면 식도점막에 대해

① 소화성 염증

② 지각신경 자극

을 일으킨다. 결국 ①은 하부식도점막의 식도염을 ②는 흉통을

일으킨다. 더더욱, 역류한 내용물이 구강까지 도달하면 갭(탄산) 증상
이 된다.

위, 식도 역류증상을 일으켜서 증오를 일으키는 식품은

① 고지방식품(튀김, 볶음, 버터, 케익 등)

② 고삼투압식품(과자류, 초콜렛, 코코아 등)

③ 산성식품(밀감류, 토마토, 파인애플, 양파, 마늘)

④ 향신료(고추, 페파민트, 와사비 등)

⑤ 기타(탄산음료, 알코올, 고구마)

가 열거된다. 흡연도 같은 증상을 일으킬 수 있다.

양파가 들어간 식사를 한 후에 위, 식도 역류로 괴로움을 겪는 경
우에는 흉통 등의 증상이 출현하거나 악화를 호소하는 일이 많이 있다.

미국의 뱁티스트 의료센터의 알렌(1990년) 등은 양파의 산역류와
역류증상에 대한 작용을 건강한 사람과 흉통을 가진 사람, 각각 16명
에 대해 비교검토 하고 있다. 보통의 햄버거와 한 잔의 얼음물을 섭취
하고 2시간이 지난 후 식도의 PH치를 측정해, 같은 식사에 생 양파 얇
게 썬 것을 첨가해 섭취시켰다.

역류발작횟수, 흉통, 갭의 횟수, PH 4 이하의 시간의 %를 측정
했더니, 건강한 사람에게는 양파를 첨가한 식사에서도 변화가 확인되
지 않았다. 한편, 흉통을 가진 사람은 양파를 첨가하지 않은 식사에 비
해, 발작이나 증상의 횟수가 늘고(그림4), PH 4 이하의 시간률도 증가
하고 있다. 즉, 생 양파는 흉통환자에게는 강하게, 장시간 계속 역류를
유발하는 음식이라고 말할 수 있다. 이 발작과정은 불분명하나, 일과
성 하부괄약근 이완이 원인이라고 추정되고 있다.

그러나, 캐나다의 사이반(1990년) 등은 양파주스를 이용해 식도

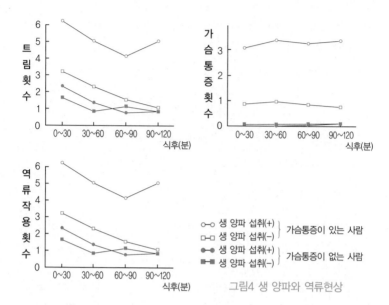

그림4 생 양파와 역류현상

내압계에 의해 하부식도 괄약근압이나 원위식도의 모든 진동폭을 측정해, 변화가 없었다고 보고하고 있다. 확실히, 양파는 소화불량을 일으키나, 단시간에 하부식도 괄약근압을 감소시키는 원인이 되지는 않는다고 하고 있다.

　뉴욕주립대학의 블록(1992년) 등은, 양파를 썬 후에 발생하는 생물학적 활성이 강한 유황화합물, 예컨대 티오술피네이트나 세파엔 등은 전술한 바와 같이 사이클로옥시게나아제, 리포옥시게나아제의 알키돈산 대사경로의 강력한 저해물질로, 이것에 의해 일과성 하부식도 괄약근 이완이 일어나는 것은 아니라고 기술하고 있다.

　결론적으로 말하면, 건강한 사람에게는 양파는 전혀 부작용의 우려가 없는 안심하고 먹을 수 있는 건강식품이다. 다만, 위장이 약한 사람이나 특히 흉통을 일으키는 사람은 과식하거나, 날로 먹는 것은 피하는 것이 좋다고 생각된다.

또, 마늘의 경우는, 미국의 뉴저지 의과치과대학의 카포라스 (1983년) 등의 보고에 의하면 건강한 사람 5명이 10~25 밀리리터의 마늘주스를 마시고, 모두 흉통을 일으켜, 약 15분간 지속됐다고 하고 있다. 최대량인 25 밀리리터를 마신 사람은 메스꺼움, 발한, 가벼운 두통이 30분도 지속되고 있다(다만, 상품화된 마늘 캅셀에는 이런 일은 적은 것으로 보인다).

제 11 장

양파의 효용과 효과적인
먹는 법에 관한 정리

1
양파의 효용과 성분

양파는 옛날부터 구미, 중근동, 인도 등에서 약용야채로서 가까이 해 왔으나, 최신의 과학으로 밝혀보더라도, 그 약리학적 효과는 다채로워서, 여러가지 성인병(생활습관병)의 예방, 개선에 효과가 있다.

표1 양파의 효용

1) 암 … 소화기암, 폐암, 유방암, 방광암
2) 항혈전작용
   항응고항진작용
   항선용용억제작용 ⎫
   혈소판응집억제작용 ⎬ 심혈관병
3) 항동맥경화 작용 ⎮
4) 고지혈증 … 지질대사 개선작용 ⎮
5) 고혈압증 … PG물질로 혈압 저하 ⎭
6) 당뇨병 … 혈당저하
7) 항염증, 살균작용
8) 항천식작용
9) 골다공증
10) 기타
   진정작용
   간 강화 · 해독작용
   눈 보호작용

특히 3대 성인병이라 불리우는 암, 심장병, 뇌졸중, 계속 급증일로에 있는 당뇨병에 대해, 현저한 효과가 있다는 것은 주목할 가치가 있다. 본서는, 지금까지 확인된 양파의 모든 효능(표1)을 기재할 예정이나, 그 밖에도 알려지지 않은 많은 효능이 있다고 생각된다.

양파의 주요한 유효성분은, 유황을 함유한 화합물(함유유기성분)과 항산화물질의 플라보노이드의 일종인 케르세틴이다. 함유유기성분은 극단적으로 종류가 많고, 얇게 썰 때는 복잡한 반응을 일으키나, 대개의 경우, 그 작용은 밝혀져 있다. 그 가운데 대표적인 것은 ①이소아리인으로부터 생기는 티오술피네이트, ②사이클로아리인 ③프로필아릴디살파이드 ④SMCS(S-메틸시스틴술폭사이드) ⑤글루타치온 등이다(그림1).

먹기에 좋은 것도, 기능성식품(건강증진, 질병 예방 및 개선에 효과가 있는 식품)으로서의 양파의 이점이다. 아무리 훌륭한 효능이 있는 식품이라도, 먹기 나쁘면 즐겨 먹을 수 없지만, 양파는 맛을 끌어내는 음식으로서 많은 요리에 자주 사용되고 있다. 게다가, 언제라도 값싸게 구할 수 있어서, 이것을 이용하지 않을 수 없다.

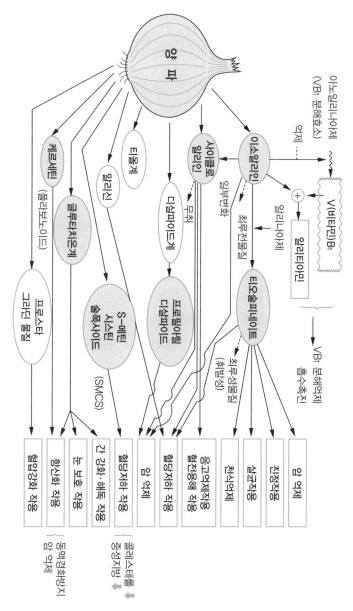

그림1 양파 성분과 그 효용

2
병에 따른 필요 섭취 양과 조리법

• 품종의 선택과 섭취량

효능에서 말하면 함유유기성분을 많이 함유하는 품종이 좋기 때문에 매운맛이 강한 스트롱 계의 것, 황색 양파를 권한다. 가열하면 매운맛은 없어지기 때문에 누구나 맛있게 먹을 수 있다. 물론 양파를 순수하게 요리 식품 재료로서 즐기는 경우에는 기호 품종을 고르면 된다.

필요 섭취양은 많은 역학적 조사나 임상시험의 성적을 바탕으로 하면 통상 크기의 양파(약 200그램)이며 그 4분의 1(약 50그램) 이상으로 하고 있다. 다만 암 예방만은 많은 듯하게 (2분의 1 이상) 하는 것이 좋다. 이것은 구미인 기준이기 때문에 일본인의 경우라면 그 0.8배 요컨대 5분의 2개 이상이 될 것이다.

• 조리법

양파의 유효 성분은 비교적 열에 강하기 때문에 통상의 조리법이라면 그 효과를 크게 손상시키는 일은 없다. 다만 혈소판 응집 억제(항 혈전), 기관지 천식의 예방, 항 염증, 살균 등의 목적으로 이용하는 경우에는 날 것의 상태(자른 후)로 일정 시간 이상 두고 유효 성분을 만들어 내는 효소를 충분히 작용시키고 나서 가열 조리하는 것이 보다 효과적이다. 또 조리할 때에 물에 씻으면 중요한 함유유기성분이 유출되어 버리기 때문에 그 대로 사용한다. 기름을 사용하는 경우에는 α-리놀렌산이나 올레인산이 많은 것을 고르면 암 예방, 혈전 예방, 지질 개선 등 양파와 공통 작용이 있기 때문에 효과가 갑절로 늘어난다. 구체적으로는 드레싱의 경우, 참기름, 올리브유, 차조기유, 볶는 것이나 튀김에서는 참기름, 올리브유, 유채기름 등의 가열해도 잘 산화되지 않는 기름이 좋다.

• 양파 가공식품의 이용

양파를 섭취하는 시간은 별로 효과에 관계없다. 요컨대 일정량 이상을 매일 계속 섭취하는 것이다. 매일 먹을 수 없는 사람은 양파의 가공식품을 이용하면 편리하다. 저자도 혈당 저하, 항 혈전, 고지혈증 개선, 골다공증 등의 임상시험에 생선 양파즙을 저온 농축하여 스프레이 드라이어(분상식품 제조에 사용하는 건조법의 일종)로 건조 분말화한 것(비타 오니온)을 사용했는데 함유유기성분이 안정되어 있어서 예상 이상의 성적을 올렸다. 다만 양파 가공식품을 고르는 경우에는 원료의 품종, 제조법 등에 의해서 효과가 차이가 나기 때문에 주의가 필요하다.

• 올바른 식사에 병용

양파는 현대인의 건강을 좀먹고 생활의 질(QOL)을 저하시키는 대부분의 성인병(생활 습관병)의 예방, 개선에 유효하지만 결코 만능약이라는 것은 아니다. 암이나 심혈관병, 당뇨병 등의 생활 습관병은 그 발병에 장년의 생활습관, 특히 식습관이 깊이 관계하고 있기 때문에 식습관을 바꾸지 않고 양파를 섭취하면 병이 낫는다, 좋아진다는 보증은 없다. 그러나 매일 먹는 식사의 영양의 밸런스에 유의하여 과식하지 말고 잘 씹고 그리고 양파를 항상 먹으면 이 책에 소개한 것 같은 양파의 우수한 효용을 충분히 기대할 수 있다 .

3
얇은 껍질의 효용

양파의 붉은 차색깔의 얇은 껍질도, 플라보노이드의 케르세틴을 많이 함유해서, 양파의 몸체와 똑같이 많은 플라보노이드 효과를 기대할 수 있다. 더욱, 벡틴(고지혈증을 개선하는)이나 탄닌(적색 양파의 껍질에 있으며, 항산화작용이 있음) 등도 함유돼 있다. 양파의 껍질 이용법은

① 얇은 껍질만 다려서 마심

② 얇은 껍질과 몸체의 모두를 다려서 마심

두 방법이 있다. 양파의 냄새가 싫은 사람에게는 ①의 방법이 좋지 않을까 싶다. 그러나 몸체에도 케르세틴이 많고, 다른 우수한 유효 성분이 많으므로 ②가 바람직하다고 생각된다. 덧붙여 말하면, 앞에 적은 양파 농축 건조립(비타 오니온)에도 몸체와 껍질의 양쪽이 사용되고 있다.

①은 양파의 껍질 5 그램(양파 1~1.5개분) 정도를 적당한 크기로 잘라 솥에 넣고, 물 360 밀리리터를 붓고, 뭉근한 불로 약 30분 끓이면, 180 밀리리터 정도의 다린 즙으로 만들 수 있다. 앙금을 걸러, 용기에 담아낼 수 있다. 3회 정도로 나눠서 마시면 좋다.

②는 껍질이 붙어있는 채의 양파 30 그램을 물로 씻어 얇게 썰어, 적당량의 물을 가하고 강한 불로 펄펄 끓이고 뭉근한 불로 30분 정도 다리면, ①과 같이 앙금을 그릇에 걸러낸다. 케르세틴의 장으로부터의 흡수율로부터 볼 때, 공복시에 마시는 쪽이 더 효과적이라고 말할 수 있다.

후기

양파는 하나의 민간약이 아니라, 많은 연구, 특히 최신의 견해, 거기에 본인의 임상시험에 의해서도 그 효용은 과학적으로 충분히 증명돼 있다. 음식으로서도 세계적으로 널리 이용되고 있으며, 현대인의 식생활에 흠이 없다.

그러나 문학에 등장한 양파는 약간 방향을 달리 하고 있다. 예컨대, 나스메소세키의 '우리는 고양이다'의 중간에 '우리들도 혹자는 지금 집에서 좋은 솥에 양파와 함께 성불하는 쪽이 좋은 방법일까도 모른다고 생각해…'라든지 기타하라의 노래집 '오동나무꽃'의 '한낮의 들판의 양파꽃, 차조기꽃, 봉록, 슬픔, 그대와 아는…', 시인 겸 치과의였던 西東三鬼(서동삼귀)의 싯귀 '가난해진 아버지 양파로 기를 억누르고' 등 인생의 비애나 고뇌에 맛이 나오고 있다.

미국의 위대한 시인 칼 사이드버그는

"인생 그것은 양파와 같아: 수도 없는 껍질을 가져 한 꺼풀, 한 꺼풀 그것을 벗겨나가면, 마침내 울게 되네"

라고 읊고 있다. 양파의 수많은 겹으로 겹쳐진 껍질의 층 하나하나가 괴로움이 많은 인생을 축약한 것인가? 그러나 괴로움이나 기쁨은 표리의 관계이다. 괴로움이 있으니, 기쁨이 생기고 증폭된다.

양파의 매운 맛이나 눈물을 흘리게 하는 성분이 대단한 약효로 변하는 것처럼.

본서를 집필 중이던 금년 2월에 3번째 손녀(美櫻)가 출생해, 양파와 같은 인생을 걷기 시작했다. 심신 모두 튼실하게 자라주길 기원한다.

평성 12년(2001년) 10월
저자